Nadia Akter

Gestão integrada dos nutrientes no rendimento e na qualidade do gladíolo

Nadia Akter

Gestão integrada dos nutrientes no rendimento e na qualidade do gladíolo

Imprint

Any brand names and product names mentioned in this book are subject to trademark, brand or patent protection and are trademarks or registered trademarks of their respective holders. The use of brand names, product names, common names, trade names, product descriptions etc. even without a particular marking in this work is in no way to be construed to mean that such names may be regarded as unrestricted in respect of trademark and brand protection legislation and could thus be used by anyone.

Cover image: www.ingimage.com

This book is a translation from the original published under ISBN 978-620-2-08207-5.

Publisher:
Sciencia Scripts
is a trademark of
Dodo Books Indian Ocean Ltd. and OmniScriptum S.R.L publishing group

120 High Road, East Finchley, London, N2 9ED, United Kingdom
Str. Armeneasca 28/1, office 1, Chisinau MD-2012, Republic of Moldova, Europe
Printed at: see last page
ISBN: 978-620-7-96770-4

ÍNDICE DE CONTEÚDOS

Subtítulo:
Efeito do estrume orgânico, do fertilizante inorgânico e do agente de controlo biológico no rendimento e na qualidade do gladíolo

RESUMO

A presente investigação foi realizada para estudar o efeito do estrume orgânico, do fertilizante inorgânico e do agente de controlo biológico no rendimento e na qualidade do gladíolo no Campo de Investigação da Floricultura, BARI, Gazipur, de outubro de 2014 a maio de 2015. O experimento de fator único consistiu em oito tratamentos, a saber: T_1 : Controlo (dose recomendada de fertilizante) (N_{200} P_{50} K_{150} S_{30} B_2 Zn_3 kg/ha), T_2 : Tricholeachate (5000 l/ha) + % RDF, T_3 : Bokashi (3 t/ha) + % FTR, T_4 : Bagaço de óleo de mostarda (500 kg/ha) + % FTR, T_5 : Trichocomposto (3 t/ha) + % FTR, T_6 : Estrume de quinta (5 t/ha) + Trichocomposto (3 t/ha) + % FTR, T_7 : Estrume de aves (5 t/ha) + Trichocomposto (3 t/ha) + % FTR e T_8 :Vermicomposto (5 t/ha) + Trichocomposto (3t/ha)+ % FTR. O experimento foi conduzido em um projeto de blocos completos aleatórios com três repetições. A aplicação de adubo orgânico, fertilizante químico e agente de controlo biológico mostrou variações significativas na maioria dos parâmetros. Os resultados revelaram que o brotamento precoce do cormo (8 dias) foi registado no tratamento T_6 . O tratamento T_7 levou o período mínimo (68 dias) para 80% de iniciação da espiga. O comprimento máximo da espiga (80,0 cm) e da ráquis (34,0 cm), o número de floretes/espiga (16), o número de espigas/ha (200000) foram registados no tratamento T_8 . No entanto, o número mais elevado (2,5/hill) e o peso do cormo (60.0 g) e cormo por planta (20,0) foram registados com o tratamento T_8 . Assim, a aplicação de vermicomposto (5 t/ha) e tricomposto (3t/ha) com % de FTR mostrou o melhor resultado no rendimento e qualidade do gladíolo.

Palavras-chave : Adubo orgânico, adubo inorgânico, agente de controlo biológico, gladíolo.

Capítulo 1

INTRODUÇÃO

O gladíolo é uma planta com flor popular cultivada em todo o mundo, desde a África do Sul até à Ásia Ocidental. O nome gladíolo deriva da palavra latina gladiolus, devido às suas folhas em forma de espada. É popularmente conhecido como lírio-espada. Foi introduzido no cultivo no final do século 16th (Parthasarathy e Nagaraju, 1999). Os híbridos modernos são conhecidos botanicamente como *Gladiolus grandiflorus*, pertencente à família Iridaceae.

O gladíolo é uma das flores de corte mais populares no Bangladesh. As condições agro-ecológicas do país são muito favoráveis à sua sobrevivência e à sua cultura. No que respeita à área e à produção de flores de gladíolo, até à data não existem relatórios autênticos no país. Dadlani (2013) referiu que a área de produção de flores parece ter aumentado significativamente e que a área estimada é de cerca de 10 000 ha e que cerca de 1 50 000 pessoas estão direta ou indiretamente envolvidas na floricultura para a sua subsistência. No mercado de flores de Godkhali, em Jhikargacha, Jessore, registou-se um comércio de flores no valor de 51,5 milhões de Tk, simplesmente por ocasião do festival da primavera e do Dia dos Namorados deste ano (Islam, 2015). No comércio internacional de flores de corte, o gladíolo ocupa o quarto lugar (Khan, 2009). Jahan (2009) e Mou (2012) referem que o rendimento da produção de flores de gladíolo é seis vezes superior ao rendimento do arroz e de outras culturas hortícolas.

É cultivado principalmente para flores de corte devido ao seu aspeto elegante e à sua vida prolongada nos vasos. As hastes de gladíolo são muito populares em arranjos florais e na preparação de ramos de flores atraentes. As suas magníficas inflorescências de várias cores tornaram-no atrativo para utilização em bordaduras herbáceas, canteiros, jardins ornamentais, terrenos e para flores de corte. Os longos espigões de flores são excelentes como flor de corte para decoração de mesa quando dispostos em vasos. Os gladíolos são o elemento mais importante do ponto de vista estético, económico e social. Os floretes abrem sequencialmente a partir da base da ráquis e o prolongamento da longevidade destes floretes ajuda a manter o valor económico destas flores durante mais tempo. O número de dias em que uma flor permanece fresca em condições aceitáveis é o critério para descrever a qualidade de conservação das flores. Para além do valor ornamental, o gladíolo é amplamente utilizado em medicamentos para dores de cabeça, lumbago, diarreia, reumatismo e dores afins (Bhattacharjee,

2010). As flores de diferentes espécies *de Gladiolus* sp. são utilizadas como salada crua, cortando as suas anteras.

Nos últimos anos, têm surgido sérias preocupações quanto aos efeitos adversos a longo prazo da utilização contínua e indiscriminada de fertilizantes inorgânicos na deterioração da estrutura do solo, na saúde do solo e na poluição ambiental (Sharma *et al.,* 2004). Em contraste com os fertilizantes inorgânicos, a utilização de agentes de biocontrolo, adubos verdes e outras matérias orgânicas pode melhorar a estrutura do solo, manter a saúde do solo, aumentar a absorção de nutrientes, suprimir os agentes patogénicos fúngicos transmitidos pelo solo e é por isso que se tem vindo a aumentar o interesse pela agricultura biológica e pela utilização de *Trichoderma* spp. nas flores para o biocontrolo (Mazhabi, 2010 e Mitra, 2010) e para melhorar a qualidade das flores.

O Trichoderma harzianum é um fungo saprófita que é geralmente utilizado como agente de controlo biológico contra uma vasta gama de agentes patogénicos de plantas economicamente importantes, transmitidos pelo ar e pelo solo (Papavizas, 1985) e tem sido amplamente estudado como potencial agente de controlo biológico (Lynch, 1990). No entanto, alguns estudos também demonstraram que pode estimular o crescimento de uma série de culturas florais e ornamentais (Elad *et al,* 1981 e Hadar *et al,* 1979). Mazhabi (2010) investigou o efeito de *Trichoderma* spp. no crescimento do gladíolo e a sua capacidade de controlar a doença da podridão de Fusarium causada por *Fusarium oxysporum.* Observaram que *o Trichoderma* suprimia os agentes patogénicos fúngicos transmitidos pelo solo, bem como melhorava as caraterísticas quantitativas e qualitativas do gladíolo. A partir dos seus resultados e dos de Mishra *et al.* (2004), concluiu-se que algumas estirpes *de Trichoderma* têm o potencial de aumentar consistentemente o crescimento da planta, o comprimento da espiga, o comprimento do ráquis, o número de floretes, bem como a produção de flores, suprimindo os agentes patogénicos fúngicos transmitidos pelo solo, o nemátodo do nó da raiz e a murcha bacteriana. Além disso, o Trichocompost é altamente rico em vários elementos que podem enriquecer a fertilidade do solo e fornecer nutrição às culturas.

Além disso, em investigações anteriores, verificou-se que os Trichoderma spp. são os fungos do solo mais frequentemente isolados e presentes nos ecossistemas das raízes das plantas. Estes fungos são oportunistas, simbiontes de plantas avirulentas e funcionam como parasitas e antagonistas de muitos fungos fitopatogénicos, protegendo assim as plantas de doenças. Até à data, estes são dos agentes de biocontrolo fúngico mais estudados e comercializados como biopesticidas, biofertilizantes e corretivos do solo (Harman et al. 2004).

Há muitos factores que afectam o crescimento da planta e o cultivo económico do gladíolo. O gladíolo é um alimentador grosseiro e requer uma grande quantidade de NPK, tanto na forma de fertilizantes orgânicos como inorgânicos (Bose *et al*, 2003). Os fertilizantes têm grande influência no crescimento, na construção e na produção de flores do gladíolo (Misra e Kapoor (1992). O azoto, o fósforo e o potássio têm um efeito significativo na produção de espigas e na qualidade dos floretes. A duração da flor no campo foi melhorada através da utilização de fertilizantes orgânicos (Misra e Singh, 1999). O estrume de aves de capoeira é um excelente fertilizante orgânico, pois contém elevado teor de azoto, fósforo, potássio e outros nutrientes essenciais (Garg e Bahla, 2008). Foi demonstrado que o vermicomposto tem níveis elevados de azoto total e disponível, fósforo, potássio, micronutrientes, actividades microbianas e enzimáticas e reguladores de crescimento (Chaoui *et al.*, 2003). O bagaço de óleo de mostarda é uma excelente fonte de emenda orgânica que pode substituir não só a utilização de fertilizantes químicos, mas também a utilização de pesticidas, suprimindo os agentes patogénicos e os insectos (Bose *et al.*, 2003).

A capacidade das "plantas" de produzir mais depende da disponibilidade de nutrientes adequados para as plantas, porque o cultivo de variedades de culturas de alto rendimento, juntamente com sistemas de cultivo intensivo, esgotou a fertilidade do solo, resultando em deficiências de vários nutrientes no sistema solo-planta. Em tal situação, a utilização de apenas um ou dois nutrientes primários não será suficiente para manter a sustentabilidade a longo prazo da produção agrícola. Além disso, a utilização de uma fertilização equilibrada é um componente essencial da tecnologia de produção agrícola. Assim, para uma melhor cultura, é necessário ter uma abordagem integrada da gestão de nutrientes, incluindo adubo orgânico, fertilizante inorgânico e agente de controlo biológico.

Trabalhos de investigação mostraram que o composto e outros estrumes orgânicos como o bokashi, o estrume de quinta, o cocodust, o jacinto de água, o bagaço de mostarda, o vermicomposto, etc. podem servir como corretivos do solo para melhorar o estado dos nutrientes do solo e a capacidade de retenção de água (Roe, 1997), particularmente em solos arenosos. Também estabilizam o pH do solo, aumentam a matéria orgânica do solo e, em última análise, melhoram o crescimento, o rendimento e a qualidade das plantas.

Vários autores, em diferentes regiões geográficas, realizaram investigações sobre o crescimento, a produção e o prolongamento da vida útil dos vasos de flores cortadas de gladíolo, utilizando adubos orgânicos, fertilizantes inorgânicos e agentes de controlo biológico em diferentes formulações e combinações, com sucesso variável

(Anjana e Singh, 2015; Dongardive *et al.*, 2007; Kusuma, 2000; Pandey *et al.*, 2013; Shankar *et al.*, 2005). No entanto, no Bangladesh, foram efectuados muito poucos estudos sobre o cultivo de gladíolos e o aumento da vida útil dos vasos de flores cortadas. Tendo em conta os factos, esta investigação é muito importante para o interesse dos cientistas e dos produtores do Bangladesh.

Por conseguinte, o presente estudo foi realizado com os seguintes objectivos

    i) Descobrir a dose óptima e a combinação de estrume orgânico, fertilizantes inorgânicos e agentes de controlo biológico para um melhor crescimento, floração e rendimento do gladíolo e

    ii) Descobrir os nutrientes adequados para prolongar a duração da floração do gladíolo.

Capítulo 2

REVISÃO DA LITERATURA

O gladíolo ocupa o quarto lugar entre as flores de corte no mercado mundial e é muito apreciado pelas suas flores brilhantes, bonitas e de cores vivas. Tradicionalmente, o gladíolo é cultivado com o uso indiscriminado de fertilizantes inorgânicos, que frequentemente causam poluição ambiental e redução da fertilidade do solo. O estrume orgânico influencia as propriedades físicas, químicas e biológicas do solo, embora a sua quantidade no solo seja muito pequena. A resposta das culturas ao estrume orgânico aplicado é lenta, mas o efeito residual destes estrumes dura muito tempo. A aplicação de adubos orgânicos com agentes de biocontrolo é uma tecnologia promissora para o rendimento das culturas e a gestão integrada das doenças. Foram efectuados muitos trabalhos de investigação em diferentes países. No entanto, a literatura sobre o crescimento, o rendimento e o tempo de vida em vaso do gladíolo influenciados por estrume orgânico, fertilizantes inorgânicos e agentes de controlo biológico é escassa. A informação relevante disponível nesta área, proveniente de diferentes estudos, foi analisada neste capítulo.

2.1 Literaturas sobre adubos orgânicos, fertilizantes e agentes de controlo biológico:

Prakash *et al.* (2015) realizaram um ensaio de campo com gladíolos para verificar a influência do vermicomposto e de vários agentes de biocontrolo no crescimento e na floração atribuídos no Krishi Vigyan Kendra Campus Saharanpur U.P., Índia. Os tratamentos foram controlo, *Trichoderma, Pseudomonas fluorescens,* Vermicomposto, *Trichoderma + Pseudomonas, Trichoderma +* Vermicomposto, *Trichoderma + Pseudomonas +* Vermicomposto. A experiência foi organizada num esquema de blocos aleatórios com três repetições. A germinação precoce foi registada com o tratamento *Trichoderma.* O comprimento máximo da folha mais longa e o número máximo de folhas foram registados com *Trichoderma +* Vermicomposto. A abertura mais precoce do primeiro florete e o comprimento máximo da espiga e o número máximo de floretes foram registados com o tratamento *Trichoderma + P. fluorescens +* Vermicomposto. Constata-se que a aplicação de vários agentes de controlo biológico, isoladamente ou em combinação com vermicomposto, foi benéfica para melhorar o crescimento das plantas e vários parâmetros de floração do gladíolo.

Mazed *et al.* (2015) investigaram o efeito de estrumes e fertilizantes no crescimento, na produção de flores e bolbos de tuberosa na quinta de horticultura da Universidade

Agrícola Sher-e-Bangla, Daca, Bangladesh. A experiência consistiu em cinco níveis de fontes de nutrientes, a saber F_0 : Controlo, F_1 : Estrume de vaca 10 t + 250 kg Ureia + 190 kg TSP + 190 kg MoP/ha, F_2 : Cama de aves de capoeira 5 t + 250 kg Ureia + 190 kg TSP + 190 kg MoP/ha, F_3 : Estrume de vaca: 15 t/ha e F_4 : Cama de aves de capoeira: 10 t/ha. O experimento foi realizado em um delineamento de blocos completos aleatórios (RCBD) com três repetições. A aplicação de estrumes e fertilizantes mostrou variações significativas na maioria dos parâmetros. Os 15

O maior rendimento de espiga (4, 57, 650/ha), bolbo (26,64 ton) e bolbo por hectare (23,63 ton) foi registado em F_1 (Estrume de vaca 10 t + 250 kg Ureia + 190 kg TSP + 190 kg MoP por hectare).

Uma experiência foi conduzida por Naznin *et al.* (2015) para determinar a dose e a combinação adequadas de fertilizantes orgânicos e químicos e para avaliar o efeito do agente de controlo biológico *(Trichoderma)* nas caraterísticas qualitativas e quantitativas da tuberosa *(Polianthes tuberosa* L. cv. Single), incluindo o comprimento do caule, o comprimento do ráquis, o comprimento da espiga, o número de floretes, a produção de flores, a durabilidade das flores, o número de bolbos, a produção de bolbos, etc. A experiência foi organizada num esquema de blocos completos aleatórios (RCBD) com três repetições e oito tratamentos, como se segue: T_1 : Estrume de quinta (5 t/ha) + A RDF, T_2 : Resíduos de aves de capoeira (5 t/ha) + A RDF, T_3 : Bokashi (3 t/ha) + A RDF, T_4 : Bagaço de óleo de mostarda (500 kg/ha) + A RDF, T_5 : Vermicomposto (5 t/ha) + FTR A, T_6 : Tricocomposto (3 t/ha) + FTR A, T_7 : Trichoachate (3000 L/ha) + FTR A e T_8 : Controlo (doses recomendadas de fertilizante) (N_{150} P_{45} K_{88} S_{10} B_1 Zn_1 kg/ha). O crescimento máximo, o rendimento e os caracteres que contribuem para o rendimento foram registados em T_6 : Trichocompost (3 t/ha) + A RDF que foram estatisticamente superiores aos outros tratamentos. A emergência máxima de plantas (93,3%) também foi registada em T_6 (Trichocompost + A RDF). No caso da altura da planta, número de folhas por planta, propagação da planta, dias para a floração, número de floretes, rendimento da flor, produção de bolbos, T_6 : Trichocompost (3 t/ha) + A RDF deu resultados superiores ao controlo.
Kejkar *et al.* (2015) realizaram uma experiência multifatorial com a soca de lírio-aranha cv. Local na Quinta de Instrução do Departamento de Horticultura, Universidade Agrícola de Junagadh. Todos os parâmetros de crescimento foram significativamente influenciados por diferentes níveis de azoto. A aplicação de azoto @ 400Kg N/ha com três doses iguais divididas registou significativamente a maior altura da planta, número de folhas por planta, área foliar, comprimento da folha, diâmetro e peso de um único bolbo, número de bolbos por planta, rendimento de bolbos/ha, teor de N nas folhas e bolbos. O fósforo também desempenhou um papel

significativo na melhoria dos parâmetros de crescimento a um nível mais elevado, exceto o número de folhas por planta, a produção de bolbos, o teor de P nas folhas e nos bolbos. As doses de potássio aumentaram significativamente o teor de P nas folhas e nos bolbos. O crescimento vegetativo ótimo e a produção de bolbos foram obtidos com a aplicação combinada de 400Kg N/ha e 200 Kg P O_{25} /ha.

A produção de flores de qualidade no cultivo comercial de gladíolo é uma necessidade da indústria florícola. Singh *et al.* (2015) realizaram uma experiência de campo com gladíolos para verificar a influência do vermicomposto, tricoderma e fertilizante inorgânico nos atributos de crescimento, floração e rendimento. O experimento foi realizado em um delineamento em blocos casualizados com um total de 10 tratamentos replicados três vezes. O efeito do INM foi investigado nos dias levados para a germinação completa, número de brotos por cormo, altura da planta e número de folhas, número de dias levados para a iniciação da espiga, diâmetro do florete, comprimento da espiga, número de espigas por planta e hectare. O brotamento mais precoce do cormo, o maior número de brotos por cormo, a altura da planta e o número de folhas, a iniciação mais precoce da espiga e o maior diâmetro do florete foram observados com vermicomposto 5 t/ha + *Trichoderma* 3 t/ha + 75% N + 200 kg P O_{25} + 200 kg K_2 O. A mesma combinação de tratamento também mostrou o maior comprimento de espiga (95,60), o número de espigas por planta (1,86) e por hectare (2,33 lakh/ha).

Uma experiência de campo foi conduzida por Anjana e Singh (2015) para verificar o efeito do estrume de curral (FYM), vermicomposto e *Trichoderma*, isoladamente e em combinação, na floração e na produção de rebentos do gladíolo. A aplicação de estrume de curral + *Trichoderma* resultou no aparecimento precoce de espigas, na abertura do primeiro florete e no aumento do diâmetro do florete. O comprimento máximo da espiga, o número de floretes/espiga e a duração da floração foram registados com a aplicação de vermicomposto + *Trichoderma*. O tratamento FYM + vermicomposto aumentou significativamente a vida útil da flor. No entanto, o peso máximo de cormos/planta e o diâmetro do cormo foram registados com os tratamentos vermicomposto + *Trichoderma* e FYM + *Trichoderma*, respetivamente.

A gestão de fertilizantes é um fator importante para um crescimento bem sucedido das plantas e a identidade de fertilizantes adequados nas plantas poderia ter os efeitos desejáveis sobre os índices quantitativos e qualitativos. A fim de estudar os efeitos dos fertilizantes biológicos e do fertilizante NPK nas caraterísticas de crescimento, a composição química da calêndula foi estudada por Arab *et al.* (2015). Este experimento foi realizado na casa de vegetação de pesquisa da Universidade de Birjand, no Irã, em um projeto fatorial completamente randomizado com três repetições. Os tratamentos incluíram fertilizantes biológicos (sem biofertilizante, *Psedomonas fluorescence* 187, *P. fluorescence* 178, *P. fluorescence* 169, *P. putida* 159, *P. fluorescence* 36) com diferentes taxas de fertilizante NPK (0, 25, 50, 100%). Os resultados mostraram que, ao aumentar as taxas de NPK até a dose de 100%, o número de ramos, o número de flores, o número de folhas, o diâmetro do capitulo, o capitulo, o diâmetro do suporte, o conteúdo de fósforo e potássio foram significativamente aumentados quando comparados com o NPK zero. O tratamento combinado de biofertilizante e fertilizante químico aumentou significativamente a altura do caule florido, o índice de clorofila, o teor de azoto e de flavonóides. O teor e a concentração mais elevados de flavonóides foram obtidos quando a planta foi tratada com 36 estirpes de *P. fluorescence*.

Hassan *et al.* (2014) realizaram uma experiência em viveiro com calêndula para determinar a resposta dos fertilizantes orgânicos e dos seus extractos. Foi conduzida uma experiência fatorial envolvendo três factores (2 x 4 x 2), nomeadamente, tipo de composto (os extractos de turfa e estrume de ovelha), concentrações de aplicação foliar (0%, 20%, 40% e 60%), e a mistura no solo e aplicação foliar. Os resultados mostraram que o tipo de adubo orgânico e o método de aplicação afectaram significativamente o crescimento vegetativo (número de folhas/planta, peso seco do rebento, teor de clorofila da folha e teor de hidratos de carbono da folha) e os parâmetros florais (comprimento da haste da flor, número de flores/planta e diâmetro da flor). Este estudo mostrou que, em comparação com as outras quinze condições de tratamento, a aplicação de extrato de estrume de ovelha numa concentração de 40% e como pulverização foliar produziu resultados superiores tanto no crescimento vegetativo como nos parâmetros florais.

Uma investigação foi conduzida por Mamta e Ajit (2014) para estudar o efeito de adubos orgânicos e bio-inoculantes nos atributos vegetativos e florais do crisântemo cv. Little Darling. Os tratamentos incluíram VAM, Trichoderma sp. (cada um a 20 g/planta), estrume de aves, vermicomposto (cada um a 300 g/m²) e as suas combinações juntamente com o controlo. Entre os tratamentos aplicados, a altura máxima da planta (30,17 cm), o número de ramos primários e secundários (3,78 e 19,78, respetivamente), a dispersão da planta (28,53 cm) e o número de folhas por planta (184,33) foram registados no VAM (20 g/planta) + vermicomposto (300 g/m²) em todas as fases de crescimento da planta. No que diz respeito à floração, a aplicação de VAM (20 g/planta) + vermicomposto (300 g/m²) foi considerada a melhor, pois resultou na iniciação do botão em dias mínimos (55,78), dias para a primeira floração (73,33), duração máxima da floração (28,33 dias), longevidade da flor (16,33 dias), número de flores por planta (70,56), comprimento do pedúnculo da flor (7,80 cm) e peso da flor (1,67 g). O máximo de dias para a metade das folhas (13,67) e o murchamento das flores (17,17) foram registados no vermicomposto (300 g/m^2). VAM (20 g/planta) + vermicomposto (300 g/m^2) foram considerados os melhores para o cultivo comercial de crisântemo cv. Little Darling.

A presente investigação foi levada a cabo por Patanwar *et al.* (2014) para estudar o efeito da gestão integrada de nutrientes no crescimento, desenvolvimento e rendimento do crisântemo. O experimento foi realizado em blocos casualizados com três repetições e doze tratamentos com ou sem combinações de biofertilizantes e adubos orgânicos com fertilizantes inorgânicos. Os resultados revelaram que a aplicação de Azo + PSB + 50% RDN através de VC + 50% RDF (T_{12}) foi considerada mais eficaz e a par no aumento dos parâmetros de crescimento vegetativo, viz. altura da planta (57,02 cm), propagação da planta (41,91 cm), número de ramos por planta (23,07), peso fresco da planta (141,13 g/planta), peso seco da planta (41,7 g/planta), peso fresco da raiz (22,8 g/planta), peso seco da raiz (4,10 g/planta). Da mesma forma, o número de flores por parcela (992,8), o rendimento de flores por parcela (3,19 kg/parcela) e o rendimento total de flores (17,70 t/ha) foram máximos no tratamento T_{12} (Azo + PSB + 50% RDN através de vermicomposto + 50% RDF) seguido de Tn (Azo + PSB + 50% RDN através de FYM + 50% RDF).

A experiência foi conduzida por Tripathi *et al.* (2013) para estudar a gestão integrada de nutrientes da tuberosa no Centro de Investigação Hortofrutícola da Universidade de Agricultura e Tecnologia Sardar Vallabhbhai Patel, Modipuram, Meerut (Índia), num desenho de blocos aleatórios (RBD), com 12 tratamentos (T_1 : FTR (240:160:100 kg NPK/ha), T_2 : 75% FTR/ha, T_3 : 125% FTR/ha, T_4 : 75% FTR + 250 q FYM/ha, T_5 : 75% FDN + 500 q FYM/ha, T_6 : 75% FDN + 125 q vermicomposto/ha, T_7 : 75% FDN + 250 q vermicomposto/ha, T_8 : 75% FDN + 250 q FYM + 125 q vermicomposto/ha, T_9 : 75% FDN + 250 q FYM + 250 q vermicomposto/ha, T_{10} : 75% FTR + 500 q FYM + 125 q vermicomposto/ha , T_{11} : 75% FTR + 500 q FYM + 250 q vermicomposto/ha e T_{12} : sem tratamento (controlo) que foram replicados três vezes. O tamanho da parcela foi de 3,15 m x 2,25 m com espaçamento de 45 cm x 30 cm. A variedade Suvasini foi utilizada para a experiência. O crescimento da planta, a produção de bolbos e bolbos de tuberosa aumentaram significativamente com a aplicação de 75% de FTR com 250 q de vermicomposto por hectare.

Uma investigação foi realizada por Chaudhary *et al.* (2013) para estudar o efeito da gestão integrada de nutrientes no crescimento vegetativo e nos caracteres de floração da tuberosa com a aplicação de vermicomposto e FYM com e sem 100, 75 e 50% da dose recomendada de NPK. A aplicação de 20 t/ha de FYM produziu um número máximo de folhas. Os componentes como o diâmetro dos floretes, o comprimento da ráquis, o peso fresco da planta e a vida de vaso da espiga foram máximos com 50% RDF (60:40:40 kg/ha NPK) + 10 tons/ha cada de vermicomposto. A aplicação de nutrientes integrados, ou seja, 50% RDF (60:40:40 kg/ha NPK) + 10 tons/ha de vermicomposto também produziu significativamente o comprimento máximo de espiga, número de floretes por espiga, duração da floração e rendimento de bolbos. O peso seco da planta foi encontrado no máximo com a aplicação de 75% RDF + 10 tons/ha cada de FYM e vermicomposto.

Hadwani *et al.* (2013) realizaram uma experiência para investigar o efeito da gestão integrada de nutrientes no crescimento, rendimento e qualidade da tuberosa cv. Double no Departamento de Horticultura, Universidade Agrícola de Junagadh, Junagadh, Índia. Foram efectuadas dezasseis combinações de tratamentos com diferentes nutrientes, com três repetições. Os resultados mostraram que a aplicação de FYM @ 30 t/ha + bactérias solubilizadoras de fosfato (PSB) @ 2 g/m^2 + *Azotobacter* @ 2 g/m^2 levou o mínimo de dias para a germinação (18,47 dias), altura máxima da planta (61,67 cm) e espalhamento da planta em E-W e N-S (37,93 cm e 37,07 cm, respetivamente). No que diz respeito à floração, o comprimento máximo da espiga (78,00 cm), o número de floretes por espiga (44,07), o número de espigas por planta (4,26), o número de espigas por parcela (127,67), o número de espigas por hectare (4,73), a vida útil mais longa do vaso (12,33 dias) e a longevidade da espiga (20,80 dias) foram registados no tratamento $^\wedge$ RDF + PSB @ 1 g/m^2 + *Azotobacter* @ 1 g/m^2 .

Pandey *et al.* (2013) realizaram uma experiência de campo com gladíolos para verificar a influência do vermicomposto e de vários agentes de controlo biológico nos atributos de crescimento e floração. Os tratamentos consistiram em controlo, *Trichoderma harzianum, Pseudomanasfluorescens, Bacillus subtilis,* vermicomposto, *Trichoderma + Pseudomonas, Trichoderma + Bacillus, Trichoderma +* vermicomposto, *Pseudomonas + Bacillus, Pseudomonas +* vermicomposto, *Bacillus +* vermicomposto e *Trichoderma + Pseudomonas + Bacillus +* vermicomposto. A experiência foi organizada num esquema de blocos aleatórios com três repetições na Horticulture Research Farm, B.H.U, Varanasi. O brotamento precoce foi registado com *Bacillus subtilis. O* número máximo de brotos e folhas por planta foi observado com *Trichoderma harzianum +* vermicomposto. Considerando que, o tratamento *T. harzianum + P. fluorescens + B. subtilis +* vermicomposto registou o comprimento máximo da folha, altura da planta, comprimento da espiga e duração da floração. A aplicação *B. subtilis +* vermicomposto registou o peso fresco e seco máximo da folha, a emergência precoce da espiga e o diâmetro do florete. O aparecimento precoce da cor e a abertura dos floretes foram registados com *T. harzianum +* vermicomposto. No entanto, o número máximo de floretes por espiga foi registado com *P. fluorescens* + *B. subtilis*. É interessante notar que a aplicação de vários agentes de controlo biológico isolados ou em combinação com vermicomposto foi considerada benéfica para melhorar o crescimento da planta e vários atributos de floração.

Uma experiência de campo foi realizada por Abdou *et al.* (2013) para estudar o efeito dos níveis de composto (zero, 5, 10, 15 ton./fed.), agente de biocontrolo *(Trichoderma)* e biofertilizantes (microrganismos eficazes e levedura ativa), bem como algumas vitaminas (vitamina E e vitamina B1) e a sua interação na planta *Gladiolus grandiflorus* cv. Eurovision. Os resultados mostraram que o crescimento vegetativo (comprimento da folha, número de folhas/planta e peso seco das folhas/planta), os aspectos da floração (comprimento da espiga, número de florzinhas/espiga e diâmetro inferior da florzinha) e a produção de cormos (diâmetro do cormo, peso seco do cormo e número de cormos por planta) aumentaram gradualmente com o aumento do nível de adubo composto. Todos os tratamentos com biofertilizantes, agentes de biocontrolo e vitaminas aumentaram significativamente todos os caracteres de crescimento vegetativo, parâmetros de floração e produção de rebentos e cormos em comparação com o controlo. No entanto, os tratamentos com *tricoderma*, microrganismos eficazes e levedura ativa pareceram ser mais eficazes do que os outros tratamentos neste domínio.

A presente investigação foi conduzida por Moghadam *et al.* (2013) para estudar o efeito do vermicomposto, agente de controlo biológico, fertilizante e aplicações de biofertilizante no crescimento, rendimento e qualidade da petúnia *(Petunia hybrida)*. O experimento foi realizado em blocos casualizados com 3 repetições. O tratamento que recebeu *Azospirillum* sp. + Bactéria solubilizadora de fosfato + Vermicomposto + NPK (25% da dose recomendada) registou a maior altura de planta, número de ramos, propagação de plantas, índice de área foliar, acumulação de matéria seca e atributos de rendimento como o número de flores por planta, número de flores por parcela, rendimento de flores/planta, rendimento de flores/parcela. O início precoce dos botões florais, 50% de floração e maior duração da floração foram alcançados no tratamento que recebeu *Azospirillum* sp. + Trichoderma + Vermicomposto + NPK (25% da dose recomendada). A aplicação de *Azospirillum* sp. + Trichoderma + Vermicomposto + NPK (25% da dose recomendada) registou parâmetros de qualidade significativamente mais elevados, como o diâmetro da flor, o tempo de conservação e a cor.

Os efeitos do composto à base de lodo de esgoto de bagaço de cana-de-açúcar (BSC), vermicomposto e resíduos de peixe como diferentes fertilizantes orgânicos no crescimento e desenvolvimento de lírios e lillium foram avaliados por Mirkalaei *et al.*

(2013). O experimento em vaso foi realizado em um projeto completamente randomizado (CRD). Foram aplicados dois níveis (0, 10% v/v) de vermicomposto, composto à base de lodo de esgoto de bagaço de cana-de-açúcar (BSC) ou resíduos de peixe. As plantas foram agrupadas em quatro grupos de tratamento diferentes, incluindo controlo (C), composto à base de lamas de esgoto de bagaço de cana-de-açúcar (B), vermicomposto (V) e resíduos de peixe (F). A aplicação de vermicomposto e composto de bagaço de cana como fertilizantes, especialmente o primeiro, teve efeitos promotores no crescimento e desenvolvimento de lírios, enquanto que o fertilizante de peixe aplicado não só foi um tratamento eficaz como também prejudicial. Enquanto o vermicomposto e o composto de bagaço, especialmente o primeiro, tiveram efeitos positivos no comprimento da raiz, peso fresco da raiz, altura da planta, massa fresca e seca do caule, os resíduos de peixe aplicados como fertilizante influenciaram negativamente estes parâmetros mencionados relacionados com o crescimento da planta. As quantidades de clorofila total em todas as amostras tratadas foram superiores às do grupo de controlo.

Algumas estirpes de *Trichoderma* têm o potencial de aumentar consistentemente o crescimento da planta, o comprimento da espiga, o comprimento da ráquis, o número de floretes, bem como a produção de flores, suprimindo os agentes patogénicos fúngicos transmitidos pelo solo, o nemátodo do nó da raiz e a murcha bacteriana (Razib *et al.*, 2013) no gladíolo.

Sonmez *et al.* (2013) realizaram uma pesquisa para determinar os efeitos de fertilizantes orgânicos nos teores de nutrientes em folhas e cormos do híbrido *Gladiolus* sp. usado como flor de corte em arranjos paisagísticos. Este estudo foi conduzido em um delineamento experimental randomizado com três repetições. Como fertilizantes orgânicos foram utilizados estrume de galinha, estrume de quinta, turfa e composto de resíduos de cogumelos. Como resultado, enquanto os teores médios mais elevados de azoto (1,97%), ferro (160 ppm) e manganês (128 ppm) nas folhas foram obtidos na aplicação de estrume de galinha, os teores médios mais elevados de potássio (2,01%), cálcio (1,80%) e magnésio (0,25 ppm) foram determinados na aplicação de composto de cogumelos. Os teores médios mais elevados de fósforo (0,30%), zinco (25,3 ppm) e cobre (9,29 ppm) nas folhas foram encontrados com aplicações de turfa, controlo e estrume de quinta, respetivamente. Os teores médios mais elevados de fósforo (0,83%), potássio (1,47%), cálcio (0,57%), manganês (73 ppm) e zinco (67,3 ppm) nos cormos foram obtidos com a aplicação de estrume de quinta. Enquanto os teores médios mais elevados de azoto (4,86%) e de cobre (20,9 ppm) nos cormos foram determinados na aplicação de estrume de galinha, os teores médios mais elevados de ferro (17,6 ppm) e de magnésio (0,20%) nos cormos foram obtidos nas aplicações de turfa e de composto de resíduos de cogumelos, respetivamente. A aplicação de fertilizantes orgânicos aumentou os teores de macro e micro nutrientes nas folhas e nos caules do híbrido *Gladiolus* sp.

Narendra *et al.* (2013) estudaram o efeito combinado da gestão integrada de nutrientes no crescimento vegetativo e nos caracteres de floração do gladíolo cv. Snow Princess com a aplicação de *Azospirillum*. Os resultados mostraram que a altura da planta foi máxima com a aplicação de 75% RDF + 20 t ha^{-1} FYM, enquanto o número de florzinhas que permanecem abertas de cada vez foi registado no máximo sob 100% RDF + FYM, 20 t/ha. Os dias para a abertura da primeira flor e o número de dias para 50% das plantas brotarem foram os mais precoces nos tratamentos 75% FTR + FYM, 10 t/ha + vermicomposto, 10 t/ha e vermicomposto, 20 t/ha, respetivamente. A aplicação de 20 t ha^{-1} FYM produziu o número máximo de folhas. Os componentes como o diâmetro de 3rd floretes, o comprimento do ráquis, o peso fresco da planta e a vida de vaso da espiga em água da torneira foram máximos com 50% RDF (60: 40: 40 kg/ha NPK) + 10 t/ha cada de FYM e vermicomposto; enquanto que os dias para a abertura do primeiro florete foram mínimos com 75% RDF (90: 60: 60 kg/ha NPK) + 10 t/ha cada de FYM e vermicomposto. A aplicação de nutrientes integrados, ou seja, 50% RDF (60: 40: 40 kg/ha NPK) + 10 t/ha cada de FYM vermicomposto + 2 g/planta cada de *Azospirillum* e PSB produziu significativamente o comprimento máximo de espiga, número de floretes por espiga, duração da floração e rendimento de cormos. O peso seco da planta foi máximo com a aplicação de 75% RDF + 10 t/ha cada de FYM e vermicomposto + 2 g/planta cada de *Azospirillum* e PBS.

Tripathi *et al.* (2012) realizaram uma experiência de campo para determinar o efeito comparativo da gestão integrada de nutrientes na produção de flores de corte de tuberosa, num projeto de blocos aleatórios, com 12 tratamentos: T_1 : RDF (240: 160: 100 kg NPK ha), T_2 : 75% RDF ha^{-1} , T_3 :125% RDF ha-^{1} , T_4 : 75% RDF + 250 q FYM ha^1 , T_5 : 75% RDF + 500 q FYM ha^{-1} , T_6 : 75% FTR + 125 q Vermicomposto ha^{-1} , T_7 : 75% FTR + 250 q Vermicomposto ha^{-1} , T_8 : 75 % FTR + 250 q FYM + 125 q Vermicomposto ha^{-1} , T_9 : 75% FDN + 250 q FYM + 250 q Vermicomposto ha^{-1} , T_{10} : 75% FDN + 500 q FYM + 125 q Vermicomposto ha^{-1} , T_{11} : 75% FDN + 500 q FYM + 250 q Vermicomposto ha^{-1} e T_{12} : sem tratamento (controlo) que foram replicados três vezes. Todos os tratamentos tiveram melhores qualidades florais comparáveis, bem como uma maior produção de flores cortadas do que o controlo não tratado. Entre todos os tratamentos, o número máximo de tufos de rebentos^{-1} (18,95) e o número de folhas de rebentos^{-1} (19,44) foram registados com a aplicação de 75% da dose recomendada de NPK + 500 q FYM ha^{-1} + 250 q Vermicomposto ha^{-1} . A produção máxima de espigas (205030,71 espigas/ha) foi registada com a aplicação de 75% da dose recomendada de NPK + 500q ha^{-1} FYM + 250 q ha^{-1} Vermicomposto seguido de 75% da dose recomendada de NPK + 500q ha^{-1} FYM + 125 q ha^{-1} Vermicomposto (199778,50 espigas/ha) embora ambos os tratamentos não tenham variado significativamente.

Os adubos orgânicos desempenham um papel vital na melhoria da estrutura do solo, bem como no aumento do crescimento e do rendimento das culturas. A aplicação de materiais orgânicos tem potencial para aumentar os rendimentos em flores (Kabir *et al.*, 2012).

A aplicação de trichocomposto no solo é uma tecnologia promissora para um maior rendimento das culturas e para a gestão integrada de doenças. Estudos efectuados por Nahar *et al.*, (2012) em culturas revelaram um aumento do crescimento e do rendimento das plantas utilizando trichocomposto em vez de aplicar produtos químicos inorgânicos.

Keditsu (2012) conduziu um experimento de campo sobre a resposta da gérbera à fertilização inorgânica versus adubação orgânica, mostrando que até 50% do FTR, se substituído por adubos orgânicos (25% do FTR com Cocopit e 25% do FTR com esterco de porco) de 100% do FTR, produziu a melhor resposta em caraterísticas florais, produção de flores, além da composição de nutrientes da folha e pool disponível de nutrientes no solo. Estes resultados foram muito superiores ao uso exclusivo de fertilizantes inorgânicos. O estudo, portanto, defendeu a possibilidade de uma adubação dupla com um padrão bipolar de libertação de nutrientes, a fim de alargar a dinâmica dos nutrientes no solo.

Kabir *et al.* (2011) realizaram uma experiência de campo no campo do agricultor de Sutiakhali, Mymensingh Sadar Upazilla, Mymensingh, para investigar o efeito dos fertilizantes orgânicos juntamente com metade dos fertilizantes químicos no crescimento, bolbo e produção de flores da tuberosa cv. single. A experiência consistiu em quatro fontes diferentes de fertilizantes, a saber: (i) fertilizantes químicos recomendados @ 400, 300, 300 e 100 kg ha^{-1} de ureia, TSP, MoP e gesso, respetivamente; (ii) vermicomposto @ 5 t ha^{-1} juntamente com metade dos fertilizantes químicos; (iii) cama de aves de capoeira @ 20 t ha^{-1} juntamente com metade dos fertilizantes químicos e (iv) estrume de vaca @ 20 t ha^{-1} juntamente com metade dos fertilizantes químicos. O experimento foi realizado em um projeto de blocos completos aleatórios com três repetições. Os resultados revelaram que a altura da planta, o número de plantas^{-1}, o comprimento e a largura da folha, o número de rebentos laterais^{-1}, o comprimento do bolbo, o diâmetro do bolbo e a produção de bolbos por planta e por hectare, o comprimento do ráquis, o comprimento e o diâmetro da espiga, o número de floretes da espiga^{-1} e a produção de flores por espiga e por hectare foram maiores com fertilizantes orgânicos e metade dos fertilizantes químicos do que com o uso absoluto de fertilizantes químicos. O maior rendimento de bolbos e flores, tanto por planta como por hectare, foi registado em capoeira, seguido de estrume de vaca.

Gupta *et al.* (2011) realizaram uma experiência de campo para quantificar o efeito da gestão integrada de nutrientes (GIN) no rendimento da tuberosa. O rendimento da tuberosa aumentou com a aplicação integrada de nutrientes inorgânicos e orgânicos. Foi observado um aumento significativo no rendimento da tuberosa com 75% do NPK recomendado + 2,5 toneladas ha^{-1} vermicomposto + biofertilizantes, seguido de 75% do NPK recomendado + 2,5 toneladas ha^{-1} vermicomposto.

Verma *et al.* (2011) efectuaram uma investigação na Unidade de Floricultura do novo pomar, Departamento de Horticultura, Faculdade de Agricultura, Universidade de Ciências Agrícolas, Dharwad, para normalizar a gestão integrada de nutrientes no crescimento, rendimento e qualidade do crisântemo *(Chrysanthemum morifolium* Ramat.) cv. Raja. O experimento foi realizado em blocos casualizados (RBD) com 8 tratamentos replicados três vezes. O tratamento que recebeu *Azospirillum,* bactérias solubilizadoras de fosfato, vermicomposto e 50 por cento do NPK recomendado (T_8) registou a maior altura de planta, número de ramos, propagação de plantas, acumulação de matéria seca e atributos de rendimento como o número de plantas com flores^{-1} e rendimento de flores.

Os materiais orgânicos são as fontes mais seguras de nutrientes para as plantas que não têm efeitos prejudiciais para as culturas e o solo. A adição regular de matérias orgânicas supera as propriedades físico-químicas extremas do solo, o que desempenha um papel vital na produção de culturas. Os tratamentos com estrume de aves de capoeira e EM produziram o maior rendimento em gladíolos em comparação com a aplicação de fertilizantes inorgânicos (Islam, 2011).

Os efeitos do *Trichoderma harzianum* na tuberosa foram investigados por Mazhabi *et al.,* (2011) no Irão. Os resultados mostraram que a utilização de *Trichoderma harzianum* aumentou a qualidade, o rendimento e o rendimento.

Trichoderma foi eficaz na promoção do crescimento e do rendimento, incluindo o comprimento do caule, o diâmetro do caule, o diâmetro do botão, o comprimento das pétalas, o número de flores, o número de bolbos, o número de bolbos, etc. na tulipa (Mazhabi *et al.,* 2011).

Khosa *et al.* (2011) relataram que a fertilização foliar forneceu nutrientes importantes para o crescimento da planta e a floração da gérbera. A solução de fertilizante macro nutrientes contendo 1g, 1.5g e 2g de nitrogénio, potássio e fósforo, respetivamente e micro nutrientes contendo 5000±200, 4000±200 e 5000 ± 200mg/100ml de solução de Zn, B, Fe e Mn. Diferentes concentrações de macronutrientes, isto é, 12,5 ml + 987,5 ml de água, 18,75 ml + 981,25 ml de água e 25 ml + 975 ml de água, foram tomadas e pulverizadas a intervalos de quinze dias na gerbera em vaso. A pulverização de micro power (solução de diferentes micronutrientes) também estava a ser aplicada a uma taxa constante de 5ml/1000 ml de solução de água. A altura da planta, o número de ramos por planta, o comprimento dos ramos por planta, o número de folhas por planta, a área foliar, o comprimento do caule, os dias para o aparecimento da primeira flor, o diâmetro da flor e a qualidade da flor aumentaram com o aumento do nível de fertilização e começaram a diminuir quando o nível de fertilização ultrapassou os níveis de macro e micro nutrientes acima indicados. A fertilização foliar influenciou os dias para a emergência da primeira flor, em comparação com o controlo, onde não foi aplicada a pulverização foliar de macro e micro nutrientes.

Shahnewaz (2011) efectuou uma experiência de campo na quinta de horticultura da Universidade Agrícola do Bangladesh, em Mymensingh, para estudar o efeito dos adubos orgânicos e das linhas no crescimento, na floração, na produção de rebentos e cormos e no tempo de vida dos vasos do gladíolo. A experiência de dois factores teve diferentes doses de adubos orgânicos, nomeadamente T_1 = 5 t/ha de composto paragonal; T_2 = 7,5 t/ha de composto paragonal; T_3 = 10 t/ha de composto paragonal; T_4 = 10 t/ha de estrume de vaca; T_5 = 15 t/ha de estrume de vaca; T_6 = 20 t/ha de estrume de vaca; T_7 = Fertilizante inorgânico (recomendado); T_8 = Controlo e três linhas de gladíolo viz, L_1 (cor-de-rosa), L_2 (amarelo claro) e L_3 (violeta). O experimento foi montado em um delineamento de blocos completos aleatórios com três repetições. O maior número de espigas (1,44 lac/ha) e a produção de cormos (11,76 t/ha) foram produzidos no tratamento com 20 t/ha de estrume de vaca, enquanto o menor número de espigas (0,83 lac/ha) e a menor produção de cormos (7,55 t/ha) foram encontrados no controlo. O número máximo de espigas (1,30 lac/ha) e a produção de cormos (10,92 t/ha) foram obtidos na linha-2, e o número mínimo de espigas (0,89 lac/ha) e a produção de cormos (9,74 t/ha) foram obtidos na linha-3. Os maiores rendimentos de espigas (1,74 lac/ha) e de cormos (12,76 t/ha) foram registados na combinação do tratamento de 20 t/ha de estrume de vaca com a linha-2 e os menores rendimentos de espigas (0,74 lac/ha) e de cormos (6,91 t/ha) foram obtidos na combinação do tratamento de controlo com a linha-3. No entanto, a combinação de 20 t/ha de estrume de vaca com a linha-2 foi considerada a melhor para a produção de espigas, cormos, cormo e vida de vaso de gladíolo de boa qualidade na quinta de horticultura da Universidade Agrícola do Bangladesh, Mymensingh.

Mazhabi (2010) testou os efeitos de cinco isolados de Trichoderma *(Trichoderma harzianum* Bi, *T. virens* Et$_4$, *T. virens* Rabi, *T. Virens* Et$_6$, *T. virens* 65 Amar) e concluiu que *T. harzianum* foi mais eficaz em caraterísticas qualitativas como peso fresco e seco, comprimento do caule, número de flores e diâmetro das flores de gladíolo, tuberosa, tagetes, gaillardia e zínia.

A experiência foi realizada em calêndula africana por Radhika *et al.* (2010) no viveiro de horticultura da faculdade, Departamento de Horticultura, Universidade Agrícola de Anand, Anand. Os tratamentos incluíram três biofertilizantes *(Azotobacter, Azospirillum* e PSB), três níveis de vermicomposto (2,0, 3,0 e 4,0 t/ha^{-1}) e três níveis de NPK (60, 70 e 80% do FTR), incluindo o controlo (FTR). A experiência foi desenhada num esquema de blocos aleatórios com dez tratamentos replicados três vezes. Os resultados revelaram que a aplicação de 70% de FTR + 3 t/ha de vermicomposto + *Azotobacter* + *Azospirillum* + PSB produziu significativamente a altura máxima da planta, o número de ramos por planta, a propagação da planta nas direcções N-S e E-W, o peso médio da flor, o número de flores por planta, a produção de flores por planta (g) e a produção de flores por hectare (t) em comparação com o controlo.

Kadu *et al.* (2009) realizaram experiências de campo para estudar o efeito de quatro níveis, cada um de azoto (0, 100, 200 e 300 kg/ha) e fósforo (0, 100, 150 e 200 kg/ha) com um nível fixo de potássio @ 100 kg/ha na tuberosa cv. Single. Entre todas as combinações de NPK, o tratamento de 300:150:100 kg NPK/ha, apresentou maior comprimento de espiga (106,32 cm), número máximo de floretes/planta (41,58) e número de espigas^{-1} (2,47). Além disso, o seu efeito também foi bom em parâmetros como o peso fresco das flores/planta (90,89 g) e a produção de flores/ha (15,15 tons).

Dalve *et al.* (2009) realizaram uma experiência de campo com dezasseis combinações de tratamentos inorgânicos, estrume de quintal e vermicomposto em helicónias e verificaram que todos os tratamentos INM aumentaram significativamente o peso fresco dos rizomas comercializáveis e não comercializáveis, o número de rizomas e de espigas em comparação com o tratamento 100% RDF de NPK. Das dezasseis combinações de tratamento, 75% RDF de NPK + 10 t/ha^{-1} aplicação de vermicomposto aumentou o rendimento e a duração da floração em comparação com outros tratamentos.

Sushma e Aruna (2008) estudaram os efeitos de biofertilizantes, fertilizantes químicos, vermicomposto, estrume de aves e a sua combinação na produtividade do gladíolo. A experiência foi conduzida num desenho de blocos completamente aleatorizados com 4 tratamentos, ou seja, T₁: RDF + Vermicomposto), T_2 : ($/^1{}_2$ RDF + Vermicomposto 5 t/ha), T_3 : (RDF + Estrume de aves) e T_4 : ($/^1{}_2$ RDF + Estrume de aves 5 t/ha). Observou-se um aumento significativo na produção de flores e cormos com ^ FTR + 10 t/ha de vermicomposto de gladíolo.

O azoto, o fósforo e o potássio têm um efeito significativo na produção de espigas e na qualidade dos floretes. O estrume de aves de capoeira é um excelente fertilizante orgânico, pois contém elevado teor de azoto, fósforo, potássio e outros nutrientes essenciais (Garg e Bahla, 2008) e aumenta o tempo de conservação das flores.

Chaitra e Patil (2007) observaram um aumento significativo na altura das plantas, no número de folhas, no número de ramos, na produção total de matéria seca e também na produção de flores na China aster com a aplicação de vermicomposto a 2,5 t ha^{-1} com 50 por cento de FTR.

Warade *et al.* (2007) observaram que o crescimento da dália em relação à altura da planta, número de folhas da planta^{-1} , propagação da planta, precocidade da floração e produção de flores foi superior nas plantas que receberam vermicomposto 500 g com PSB 25 g/plot^{-1} .

Uma aplicação de vermicomposto como 50% da dose recomendada de azoto (RDN) juntamente com 50% da dose recomendada de fertilizante (RDF) registou uma altura de planta significativamente mais elevada (100,3 cm), número máximo de ramos primários (13,1), flores (66,2), rendimento de sementes (499,0 kg/ha) e registou um peso de 1000 sementes mais elevado (3,7 g), comprimento de raiz (6,2 cm), comprimento de rebento (5,5 cm) e índice de vigor (1047) em comparação com RDF sozinho em calêndula africana (Sunita *et al.*, 2007).

Yadav (2007) efectuou uma experiência em Bikaner, Rajasthan, Índia, para estudar o efeito dos fertilizantes N (0, 10 e 20 g) e P (0, 6 e 12 g) no crescimento e na floração da tuberosa cv. Shringar. A altura da planta, o número de folhas por planta, o número de flores por espiga, o comprimento da espiga, o comprimento da ráquis, o número de espigas por parcela e o peso da flor por espiga aumentaram consideravelmente com a aplicação de N e P isoladamente e em combinação.

Um estudo de campo sobre o boro e o zinco na produção de flores de tuberosa foi efectuado por Halder *et al.* (2007) na Floriculture Research Farm do Horticulture Research Centre, BARI, Joydebpur, Gazipur. Os objectivos eram avaliar a resposta da tuberosa aos micronutrientes B e Zn e descobrir a dose óptima de boro e zinco para maximizar a produção de flores e a qualidade da tuberosa. Dezasseis tratamentos, incluindo quatro níveis de B (1,0, 2,0 e 3,0 kg ha^{-1}) e quatro níveis de Zn (0, 1,5, 3,5 e 4,5 kg ha^{-1}), juntamente com doses de N_{3O} o $P90$ K_{170} S_2 o kg/ha e estrume de vaca 5 t/ha, foram utilizados no ensaio. A tuberosa (cv. Double) foi utilizada como cultura de ensaio. Foi revelado que o B e o Zn e a sua combinação tiveram um efeito profundo nos caracteres florais e na produção de flores da tuberosa.

Dongardive *et al.* (2007) relataram os efeitos dos fertilizantes orgânicos no desempenho do gladíolo *(Gladiolus hybridus)* cv. White Prosperity foram estudados em Nagpur, Maharashtra, Índia. Os tratamentos consistiram em NPK (500:200:200 kg/ha), FYM [estrume de quinta] (4 t/ha), vermicomposto (8 t/ha), bolo de neem (6 t/ha), FYM + Azotobacter (5 kg/ha), vermicomposto + Azotobacter (5 kg/ha), bolo de neem + Azotobacter, FYM + PSB [bactérias solubilizadoras de fosfato] (5 kg/ha), vermicomposto + PSB, torta de nim + PSB, FYM + Azotobacter + PSB, vermicomposto + Azotobacter + PSB, e nim + Azotobacter + PSB. O NPK resultou no menor número de dias para a germinação do cormo (8,56), número de dias para 50% de iniciação da espiga (64,90) e número de dias para a abertura dos primeiros 2 floretes (69,12 dias), e maior altura da planta (88,26 cm), comprimento da folha (74,33 cm), número de folhas por planta (7.50), comprimento da espiga (95,57 cm), número de espigas por planta (1,41), número de floretes por espiga (13,92) e diâmetro do florete (8,78 cm), seguido de vermicomposto + Azotobacter + PSB (8,91, 67,12, 71,69, 85,22 cm, 69,92 cm, 6,84, 90,10 cm, 40,96, 12,87 e 7,91 cm, respetivamente).

Halder *et al.* (2007) efectuaram um ensaio de campo sobre a produção de cormos e cordeis de gladíolo no campo de floricultura do Centro de Investigação em Horticultura, BARI, Gazipur. Os objectivos consistiam em avaliar a resposta do B e do Zn na produção de cormos e cordeletes e em determinar a dose óptima de B e Zn para maximizar a produção de cormos na cultura do gladíolo. Foram utilizados no estudo tratamentos que incluíam quatro níveis de B (0, 1, 2 e 3,0 kg/ha) e quatro níveis de Zn (0, 1,5, 3,0 e 4,5 kg/ha), juntamente com uma dose de cobertura de N_{375} , P_{150} , K_{250} , S_{20} e CD 5 t/ha. Sentiu-se no estudo que a integração B-Zn contribuiu mais do que as suas aplicações individuais. Os efeitos da interação de B e Zn @ $B_{2.0}$, e $Zn_{4.5}$ kg/ha contribuíram significativamente para o rendimento do peso individual dos cormos (26,07 g) e número de cormos (9,78) e peso de cormos/planta (31,94 g) do que outra combinação B-Zn juntamente com o controlo (B Zn_{00}). A aplicação única de B e Zn também contribuiu para os parâmetros de rendimento, mas a sua resposta não foi tão pronunciada como a sua integração.

As experiências em viveiro foram efectuadas por Vijayananthan *et al.* (2007) no Forest College and Research Institute of India. Foram colhidas estacas de tamanho uniforme de plantas-mãe com dois anos de idade. As estacas foram plantadas em sacos de polietileno (20 cm x 15 cm) contendo uma mistura para viveiro de areia: terra vermelha: estrume de quinta (1: 1: 1). Para os tratamentos que envolviam vermicomposto, o estrume de quinta foi substituído pelo mesmo.

Para avaliar o efeito da introdução de minhocas, os sacos foram preenchidos com uma mistura de estrume de vaca e solo e cobertura morta na proporção de 1: 1: 1 e em cada saco foram libertadas cinco minhocas pertencentes à espécie *Eudrillus* engeniae. Este estudo foi realizado com oito tratamentos replicados três vezes num desenho completamente aleatório. Os tratamentos foram T_1 = Doses recomendadas de aplicação de fertilizantes (1 g N, 2 g P e 1 g K por saco), T_2 = Aplicação de vermicomposto @ 100 g por saco, T_3 = Minhoca + esterco bovino + cobertura morta, T_4 = Cobertura morta + esterco bovino, T_5 = Vermicomposto (areia: solo: vermicomposto) a (1:1:1), T_6 = Vermicomposto (areia: solo: vermicomposto) a (1: 2: 1), T_7 = Vermicomposto (areia: solo: vermicomposto) a (1: 2: 1) + VAM (Glomos mosseae) @ 10 g por saco e T_8 = Controlo. O tratamento T5 induziu uma melhoria significativa nos parâmetros de crescimento como o comprimento do rebento e da raiz, o peso fresco e seco do rebento e da raiz, o peso seco total e o número de folhas do jasmim.

Rajesh *et al.* (2006), numa experiência com gladíolos, aplicaram uma dose basal comum constituída por Trichoderma viride, FYM, biofertilizantes, nomeadamente, Azospirillum, VAM e PSB e fibra de coco decomposta em todos os tratamentos, exceto num que consistia em meios gerais e na dose de fertilizante necessária. A altura máxima da planta (102,8 cm) foi registada quando as plantas foram tratadas com 4% Manchurian Mushroom Tea + 6% Panchagavya, a duração máxima da floração (14,70 dias) com 6% Panchagavya, o maior número de florzinhas por espiga (13,53) com 4% Panchagavya, as maiores florzinhas (10,67 cm) com 6% Manchurian Mushroom Tea + 6% Panchagavya e a vida máxima do vaso (8,20 dias) com 4% Manchurian Mushroom Tea. O peso máximo de cormo (29,63 g), número de cormo por planta (113,5) e peso de cormo por planta (19,10 g) foram registados quando as plantas foram tratadas com 2% Manchurian Mushroom Tea + 6% Panchagavya. No entanto, os dias para a primeira floração, o comprimento da espiga, o peso da espiga, o número de cormos por planta e o diâmetro do cormo foram considerados não significativos.

A aplicação regular de aditivos orgânicos pode resolver os problemas de baixa fertilidade do solo, baixa capacidade de retenção de água e baixo teor de matéria orgânica do solo. Godse *et al.* (2006) registaram um aumento significativo da altura da planta, do número de folhas, do comprimento da espiga e do número de floretes por espiga no gladíolo nas parcelas tratadas com uma combinação de vermicomposto @

10 toneladas por hectare + 80 por cento do NPK recomendado (100:60:60 kg/ha).

Waheeduzzaman *et al.* (2006) efectuaram uma investigação no Departamento de Floricultura e Paisagismo, Jardins Botânicos, Faculdade de Horticultura e Instituto de Investigação, TNAU, Coimbatore, para estudar o efeito das práticas INM na melhoria da produção de flores de *Anthurium andreanum* cv. Meringue. A experiência foi conduzida com seis tipos de substratos orgânicos, juntamente com fertilizantes inorgânicos. A combinação do tratamento Panchagavya 4% + 50% da dose recomendada de fertilizantes (RDF) influenciou favoravelmente o comprimento da espata (7,50 cm), a largura da espata (7,00 cm), o comprimento da espádice (4,50 cm) e o comprimento da espiga (32,10 cm). A combinação de tratamento de vermicomposto 100 g/planta + 50 % RDF (T_1) registou o maior valor de longevidade da inflorescência (88,30 dias), número de dias para exibir perda de brilho, azulamento da espata e necrose da espádice com os valores de respetivamente 17,50, 18,50 e 21,6 dias. Os resultados provaram que a pulverização foliar de Panchagavya 4% + 50% RDF melhorou o tamanho da flor, enquanto que foi observada uma melhor vida de vaso na combinação de tratamento de vermicomposto 100 g/planta + 50% RDF.

Shashikanth (2005) observou na calêndula que a aplicação de vermicomposto @ 5,0 t ha^{-1} juntamente com a dose recomendada de fertilizante aumentou a produção de flores (13,9 t ha^{-1}). Na mesma cultura, o número máximo de botões de flores/planta, o peso individual das flores e a produção de flores/m^2 foram registados com a aplicação de vermicomposto a 1000 g/m^2 .

A aplicação de vermicomposto (10 t/ha) com N, P O_{25} , K_2 O @ 20, 15 e 20 g/m^2 resultou numa área foliar máxima, comprimento dos rebentos laterais de primeira ordem, número de flores/m^2 , diâmetro das flores e peso das flores/m^2 na produção de rosas (Singh, 2005).

Padaganur *et al.* (2005) conduziram uma experiência de campo na Universidade de Ciências Agrícolas, Dharwad, para estudar a resposta da tuberosa ao vermicomposto em diferentes níveis (1, 2, 3 kg/m^2) sozinho e em combinação com 50 por cento da dose recomendada de fertilizante (RDF) e a dose recomendada de FYM revelou que as plantas que receberam vermicomposto sozinho ou em combinação com U RDF iniciaram a floração mais cedo. Obteve-se uma produção significativamente maior de espigas de flores (1,16 lakhs/ha) com a aplicação de 3 kg de vermicomposto/m2 juntamente com 50 por cento de RDF.

Shankar e Dubey (2005) efectuaram uma experiência com gladíolos no viveiro de Horticultura, IGAU, Raipur, Madhya Pradesh, Índia. Os resultados indicaram que as caraterísticas de crescimento, como a altura da planta, o número de folhas por planta, a área foliar, o peso fresco da planta, o peso do cormo, o diâmetro do cormo e a produção de cormos, foram influenciadas pelo tratamento 400 kg N, 200 kg P O_{25} com N em três parcelas, que se revelou superior a todos os outros tratamentos. A largura da folha, o peso dos cormos por planta, o peso seco da planta e o rendimento dos cormos foram máximos no tratamento 400 kg N, 200 kg P O_{25} e 200 kg K_2 O + 50 toneladas de estrume de curral com N em duas divisões, sendo superior a todos os outros tratamentos.

Como a utilização de produtos químicos inorgânicos, como fertilizantes, pesticidas, etc., está a causar problemas como a poluição ambiental e a reduzir a produtividade do solo, os cientistas agrícolas estão a tentar encontrar uma alternativa adequada aos agro-químicos. O seu pensamento deu origem à formação do movimento da agricultura biológica em muitas partes do mundo, de modo a cultivar culturas utilizando vermicomposto (Chauhan *et al.,* 2005).

As populações microbianas no solo aumentaram com a aplicação de *Trichodermaharzianum*, tendo-se verificado uma influência significativa no aumento do rendimento e na redução das necessidades de agroquímicos nas flores de gladíolo. Além disso, o composto de Tricho é altamente rico em vários elementos que podem enriquecer a fertilidade do solo e fornecer nutrição ao gladíolo (Mishra *et al.,* 2004).
O estrume de quinta, o vermicomposto, o bagaço de mostarda e o estrume de aves de capoeira, que fornecem azoto orgânico, influenciam significativamente o aumento do rendimento e a redução das necessidades de agro-químicos nas flores. Bose *et al.* (2003) referiram que o rendimento do gladíolo aumentou com a aplicação combinada de vermicomposto com NPK e B. A aplicação de estrume de aves de capoeira e bokashi à taxa de 3 t/ha produziu melhor rendimento em culturas de flores do que com fertilizantes inorgânicos (Patil, 2000).

O gladíolo é um alimentador grosseiro e requer uma grande quantidade de NPK, tanto na forma de fertilizantes orgânicos como inorgânicos (Bose *et al.,* 2003). Os fertilizantes têm grande influência no crescimento, na construção e na produção de flores do gladíolo.

Arsey *et al.* (2002) estudaram o efeito de vermicomposto (0.5, 1.0 ou 1.5 kg/m^2), estrume de quinta (3, 4 ou 5 kg/m^2), fertilizantes NPK (0.2, 0.3 ou 0.6 kg/m^2), bolo de algodão (1.00, 1,25 ou 1,50 kg/m^2), e conservantes de flores de corte (nitrato de prata a 30, 60 ou 90 ppm, e 8-hidroxiquinolina) na vida de vaso do gladíolo cv. Traderhom. Os fertilizantes foram aplicados durante a preparação do terreno. As estacas colhidas foram colocadas em frascos cónicos contendo 300 mg/ml de sais minerais e mantidas à temperatura ambiente e à humidade relativa. A aplicação de bagaço de algodão no solo, seguida do tratamento das estacas com 150 ppm de 8-hidroxiquinolina, resultou no maior tempo de vida do vaso em relação ao controlo. O nitrato de prata a 90 ppm também aumentou a vida de vaso das flores de corte colhidas em parcelas tratadas com bolo de algodão, vermicomposto e estrume de quinta. Os fertilizantes NPK foram menos eficazes do que os adubos orgânicos.

Prakash *et al.* (2002) referiram que o teor de fósforo e potássio nas folhas aumentava com a adição de 5 e 10 por cento de FYM, enquanto que o teor de azoto só aumentava nas folhas com a adição de 5 por cento de FYM. A adição de FYM ao solo também aumentou os parâmetros de rendimento.

Conte-e-Castro *et al.* (2001) conduziram um experimento em Santa Helena, Paraná, Brasil, para avaliar o efeito de diferentes fertilizantes orgânicos na produtividade do gladíolo *(Gladiolus grandiflorus* cv. Red Beauty). Os tratamentos consistiram de (i) fertilizante químico padrão, (ii) esterco de aves a 10 t/ha, (iii) esterco de porco a 10 t/ha, (iv) esterco bovino a 10 t/ha, e (v) composto de lixo urbano a 10 t/ha. Todos os fertilizantes orgânicos deram resultados satisfatórios e podem, portanto, ser utilizados em vez de fertilizantes químicos.

Kusuma (2000) observou que as plantas de golden rod fornecidas com vermicomposto (10 toneladas por hectare) e 100 por cento do NPK recomendado (100:50:50 kg/ha) produziram maior altura de planta, número máximo de folhas e maior produção de flores.

A aplicação de matérias orgânicas é essencial para promover o crescimento e uma maior produção de espigas e flores de gladíolo de boa qualidade. O estrume de quintal, o bagaço de mostarda e o estrume de aves de capoeira são as melhores formas orgânicas para esta flor. O estrume de quinta, o bagaço de mostarda, o tricho-composto e o estrume de aves de capoeira, que fornecem azoto orgânico, influenciam significativamente o aumento do rendimento e a redução das necessidades de agro-químicos nas flores de gladíolo (Mishra *et al.,* 2000).

Yadav *et al.* (2000) opinaram que a aplicação de FYM @ 10 t/ha melhorou o crescimento e os caracteres florais do gladíolo, como a altura da planta, a propagação da planta, o comprimento da espiga, o comprimento do ráquis e o número de floretes, a produção e a qualidade da flor. Gangadharan e Gopinath (2000) afirmaram que Gangadharan e Gopinath (2000) registaram um aumento significativo da altura das plantas, do número de folhas, do comprimento da espiga e do número de floretes por espiga no gladíolo nas parcelas tratadas com uma combinação de vermicomposto @

10 toneladas por hectare + 80 por cento do NPK recomendado (100:60:60 kg/ha).

Atiyeh *et al.* (2000) relataram que uma concentração relativamente baixa de vermicomposto promoveu o crescimento de plantas em calêndula. Na mesma cultura, as plantas aplicadas com vermicomposto (15 toneladas por hectare) + 100 por cento do NPK recomendado produziram um número máximo de flores por planta, com maior diâmetro e rendimento de flores do que as plantas sem vermicomposto e sem aplicação de fertilizantes.

Os resíduos de aves de capoeira contêm concentrações mais elevadas de N, Ca e P do que os resíduos de outros animais de criação. A aplicação de estrume de aves de capoeira e de trichoderma à taxa de

3 t/ha produziu melhor rendimento em culturas de flores do que com fertilizantes inorgânicos (Patil, 2000).

Uma razão importante para adicionar algumas alterações orgânicas, EM e agentes de controlo biológico aos solos é reciclar nutrientes sem danificar o ambiente. Bokashi, estrume de aves e tricho-composto podem ser muito úteis porque fornecem uma libertação constante e lenta de nutrientes para as plantas (Allaway, 1996).

Kulkarni (1994) registou um aumento do crescimento e do peso seco na China aster com a aplicação de vermicomposto a 2,5 a 5,0 toneladas por hectare, isoladamente ou em combinação com fertilizantes inorgânicos.

Embora as práticas agrícolas convencionais baseadas em produtos químicos tenham aumentado substancialmente o rendimento das culturas, criam numerosos problemas à humanidade. A agricultura moderna que utiliza quantidades excessivas de fertilizantes químicos contribuiu para a destruição dos nossos recursos naturais e para a degradação do ambiente. Estudos efectuados por Belorkar *et al.* (1993) com gladíolos revelaram muitos efeitos benéficos da utilização de bokashi e de microrganismos eficazes em vez da aplicação de produtos químicos inorgânicos.

Kleifield e Chet (1992) referiram que a adição de *Trichodermaharzianum* ao solo aumentava a absorção de nutrientes, suprimia os agentes patogénicos das plantas e, em última análise, promovia o crescimento das plantas cultivadas.

O crescimento e os caracteres fisio-morfológicos do lírio foram positiva e significativamente influenciados pela correção orgânica. Mishustin (1990) referiu que o bokashi aumentava a produção de flores de lírio e era economicamente rentável.

O vermicomposto, para além de ser uma fonte rica de micronutrientes, também actua como agente quelante e regula a disponibilidade de micronutrientes metabólicos, como o ferro e o zinco, para as plantas, para além de aumentar o crescimento e o rendimento das plantas, fornecendo nutrientes nas formas disponíveis (Kale *et al.*, 1987).

Verificou-se que *Trichoderma harzianum* é um agente de controlo biológico eficaz de F. *oxysporum* em gladíolo e de F. *oxysporum*. sp. *nevium* em melancia (Sivan e Chet, 1986). O antagonista aplicado em condições de campo como preparação de farelo de turfa de trigo ou como revestimento de sementes, diminuiu a incidência da doença e aumentou o rendimento de ambas as culturas. Estudos efectuados por Jacobs e Alles (1986) revelaram muitos efeitos benéficos da agricultura biológica em vez da aplicação de produtos químicos inorgânicos. O tratamento com estrume de quinta e estrume de aves de capoeira produziu um maior rendimento e um melhor período de conservação das culturas de flores. A aplicação de composto no solo aumentou a capacidade de retenção de água, reduziu a erosão do solo e melhorou as condições físico-químicas e biológicas do solo, para além de fornecer nutrientes às plantas (Okigbo, 1983).

Nambisan e Krishran (1983) referiram que as necessidades de estrume e fertilizantes para o gladíolo variam consoante as condições climáticas e os tipos de solo. Numa experiência com gladíolos, registaram que a produção de flores aumentava com a utilização de fertilizantes orgânicos com aplicação combinada de fertilizantes inorgânicos nas condições do Sul da Índia.
Azad e Yousuf (1982) opinaram que a produtividade do solo podia ser aumentada através da utilização de fertilizantes minerais e de materiais orgânicos. O crescimento e os caracteres fisio-morfológicos do lírio foram influenciados de forma positiva e significativa pelas alterações orgânicas.

A aplicação de *T. harzianum* após fumigação do solo permitiu o controlo no terreno de *S. rolfsii* em cravos. Verificou-se que um isolado de *T. harzianum* era capaz de reduzir os micélios de *S.* rolfsii e *R. solani* em solo naturalmente infestado com estes agentes patogénicos. Em condições de estufa, a incorporação de farelo de trigo colonizado com *T. harzianum* em solo infestado de agentes patogénicos reduziu significativamente a doença do cravo causada por *S. rolfsii, R. solani* ou ambos (Elad *et al.*, 1981). É bem sabido que o benefício do solo com materiais orgânicos se deve aos seus efeitos na atividade microbiana, seguidos de um aumento do teor de húmus e de um maior fornecimento de nutrientes disponíveis, particularmente NPK (Shaw e Robinson, 1980).

Nanjan *et al.* (1980) estudaram os efeitos do azoto, do fósforo e da potassa na produção de gladíolos num solo argiloso neutro com elevado teor de potássio. Recomendaram uma combinação de nutrientes de 200 kg de azoto, 60 kg de fósforo e 50 kg de potássio/ha para solos pobres em potássio. Pathak e Choudhuri (1980) estudaram que as plantas de gladíolo que receberam 50 ou 75 kg de P/ha juntamente com 1 ou 2 kg/ha de B resultaram na maior altura de planta (58,93 cm), maior número médio de folhas (41,34) e número de rebentos laterais/caule e produção de flores.

A matéria orgânica aumenta os espaços porosos do solo, melhorando assim a taxa de trocas gasosas. A aplicação regular de emendas orgânicas pode resolver os problemas de baixa fertilidade do solo, baixa capacidade de retenção de água e baixo teor de matéria orgânica do solo (Edmond *et al.*, 1977). *Trichoderma harzianum* é um fungo saprófita contra uma vasta gama de agentes patogénicos de plantas economicamente importantes, transmitidos pelo ar e pelo solo, e tem sido amplamente estudado como potencial agente de biocontrolo. No entanto, alguns estudos também mostraram que pode estimular o crescimento de uma série de culturas de plantas de cama (Baker e Cook, 1974).

Capítulo 3

MATERIAIS E MÉTODOS

A experiência de campo foi conduzida para estudar o "Efeito de adubos orgânicos, fertilizantes inorgânicos e agentes de controlo biológico no rendimento e na qualidade do gladíolo" entre novembro de 2014 e maio de 2015 no Campo de Investigação em Floricultura, Centro de Investigação em Horticultura do Instituto de Investigação Agrícola do Bangladesh (BARI), Gazipur. Os materiais e métodos utilizados para realizar a experiência são apresentados neste capítulo sob os seguintes títulos.

3.1 Sítio experimental

A experiência foi realizada no Campo de Investigação de Floricultura, Centro de Investigação de Horticultura do Instituto de Investigação Agrícola do Bangladesh (BARI), Gazipur. A localização do local era cerca de 35 km a norte da cidade de Dhaka, com 24009' de latitude N e 90026' de longitude E e uma elevação de 8,40 m em relação ao nível do mar (Naznin *et al.*, 2015).

3.2 Zona agro-ecológica

O campo experimental pertence à zona agro-ecológica da AEZ-28 em Modhupur Tract.

3.3 Solo

O solo do campo experimental era de textura franco-argilosa siltosa e de natureza ácida. As amostras de solo da parcela experimental foram recolhidas a uma profundidade de 0-30 cm antes da realização da experiência e analisadas na Divisão de Ciência do Solo, Instituto de Investigação Agrícola do Bangladesh (BARI), Gazipur, e são apresentadas no Anexo I.

3.4 Clima

O clima do local experimental era subtropical, caracterizado por três estações distintas, a monção ou estação de inverno de novembro a fevereiro e a pré-monção, período ou estação quente de março a abril e a monção, período de maio a outubro. Os dados climáticos do período de cultivo são apresentados no Apêndice I.

3.5 Materiais de plantação

O cormo de tamanho médio (4,0-5,0 cm de diâmetro) da cultivar de gladíolo (GL-031) foi selecionado como material experimental.

3.6 Tratamentos

A experiência consistiu em 8 tratamentos com diferentes níveis de adubo orgânico, fertilizante e agente de controlo biológico:

T_1 = Controlo (Dose recomendada de fertilizante) ($N_{2O\ o}\ P_{50}\ K_{150}\ S_{2}\ o\ B_{2}\ Zn_{3}$ kg/ha)

T_2 = Tricholeachate (5000 l/ha) + % RDF

T_3 = Bokashi (3 t/ha) + % FTR

T_4 = Bolo de óleo de mostarda (500 kg/ha) + % FTR

T_5 = Trichocomposto (3 t/ha) + % FTR

T_6 = Estrume de quinta (5 t/ha) + Trichocomposto (3 t/ha) + % FTR

T_7 = Estrume de aves de capoeira (5 t/ha) + Trichocomposto (3 t/ha) + % FTR

T_8 = Vermicomposto (5 t/ha) + Trichocomposto (3 t/ha) + % FTR

3.6.1 Estrume de quintal

O estrume do pátio da quinta é preparado basicamente com estrume de vaca, urina de vaca, palha e outros resíduos de lacticínios. O estrume de vaca, que se encontra em abundância, era recolhido depois da limpeza do estábulo numa fossa próxima e era deixado a decompor-se durante um período de tempo. Todos os meses este estrume (composto) era aplicado nas plantas ou no campo para enriquecer o solo (Platela).

3.6.2 Estrume de aves de capoeira

O estrume de aves de capoeira é basicamente um material residual de natureza orgânica, constituído por urina e fezes de animais relacionados com as aves de capoeira, por exemplo, galinhas. O estrume de aves de capoeira é uma mistura de certos tipos de material de cama, como serradura ou aparas de madeira. O estrume é adquirido através da limpeza regular dos galinheiros, em que as camadas finas de cama são removidas juntamente com esse estrume (placa lb). Assim, o estrume, que é basicamente o desperdício da cama das galinhas e outras misturas, quando utilizado como fertilizante, é chamado fertilizante de galinha.

3.6.3 Vermicomposto

O estrume de vaca recolhido no estábulo local foi decomposto durante 10 dias antes de ser colocado no processo de vermicomposto. Estes foram mantidos num chari. Vinte kg de substrato de estrume de vaca decomposto foram colocados num chari para vermicompostagem. Duzentos gramas de minhocas *Eisenia fetida* foram introduzidas no topo do substrato no chari. O chari foi coberto no topo por uma cobertura de tecido de juta para prevenir e proteger as minhocas dos predadores. Após 60-70 dias, quando o substrato se assemelha a uma estrutura de chá, o vermicomposto estava pronto para ser utilizado. Este vermicomposto foi recolhido na Divisão de Ciência do Solo do

BARI (Placa 1c).

3.6.4 Bokashi

O Bokashi foi feito com farinha de peixe, bolo de óleo, farinha de ossos, farelo de arroz, resíduos de aves de capoeira @ 20 kg, 40 kg, 20 kg, 100 kg e 100 kg, respetivamente. Depois de adicionar 50% de água, os componentes foram misturados e foram adicionados 5 kg de estrume de vaca meio fermentado que continha microrganismos eficazes. Em seguida, as misturas foram empilhadas para fermentação durante várias semanas. Durante a fermentação, a temperatura foi aumentada até 70^0 C. Quando a temperatura excedeu 55^0 C, a pilha foi partida para remover o calor. Assim, o composto fermentado, nomeadamente o "Bokashi", está pronto para ser aplicado no campo, tendo sido recolhido na Divisão de Vegetais do HRC, BARI, que tem um elevado teor de NPK e outros micronutrientes (placa 1d).

3.6.5 Trichocomposto

O Trichocompost, um adubo composto à base de Trichoderma, foi desenvolvido misturando uma concentração definida de suspensão de esporos de uma estirpe de *Trichoderma harzianum* com quantidades medidas de matérias-primas processadas, tais como estrume de vaca, resíduos de aves de capoeira, jacinto de água, resíduos vegetais, serradura, farelo de milho e melaço (Placa 1e) recolhidos da secção de patologia do HRC, BARI, que é altamente rico em vários elementos que podem enriquecer a fertilidade do solo e fornecer nutrição às culturas e suprimir os agentes patogénicos fúngicos transmitidos pelo solo.

3.6.6 Tricoleacato

O tricoleachate, um subproduto líquido do trico-composto, foi obtido durante a decomposição dos materiais do trico-composto. O tricoleachate foi recolhido na Secção de Fitopatologia do Centro de Investigação em Horticultura (HRC), BARI (placa 1f).

3.6.7 Bolo de óleo de mostarda

Os bagaços de óleo de mostarda são os subprodutos da cultura de sementes de óleo de mostarda. O bagaço de óleo é um adubo orgânico azotado importante e de ação rápida. Contêm também uma pequena quantidade de fósforo e potássio. Depois de secos e moídos, estão prontos para serem utilizados no campo (placa 1g).

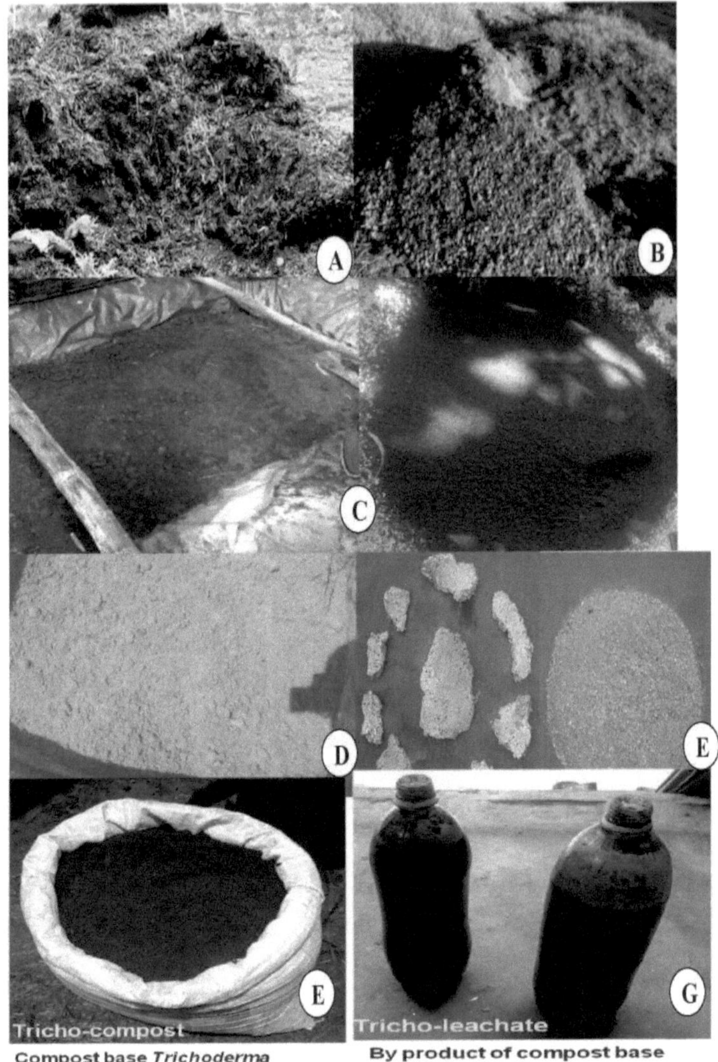

Placa 1. Estrume orgânico e agente de controlo biológico no gladíolo. (A) Estrume de quinta pronto a ser utilizado. (B) Estrume de aves de capoeira pronto a ser utilizado. (C) Vermicomposto pronto a ser utilizado. (D) Bokashi pronto a ser utilizado. (E) Bagaço de óleo de mostarda depois de moído, pronto a ser utilizado. (F) Tricho-composto pronto a ser utilizado. (G) Tricho-lixiviado pronto a ser utilizado

3.7 Conceção e apresentação

O experimento foi realizado em um delineamento de blocos completos casualizados (RCBD) com três repetições. Os 8 tratamentos foram distribuídos aleatoriamente em cada bloco. O tamanho da parcela unitária foi de 2,0 m x 1,5 m, acomodando 70 plantas por parcela. O espaçamento foi mantido a 20 cm de linha para linha e 20 cm de planta para planta. Duas parcelas unitárias adjacentes foram separadas por um espaço de 60 cm e houve um espaço de 80 cm entre os blocos.

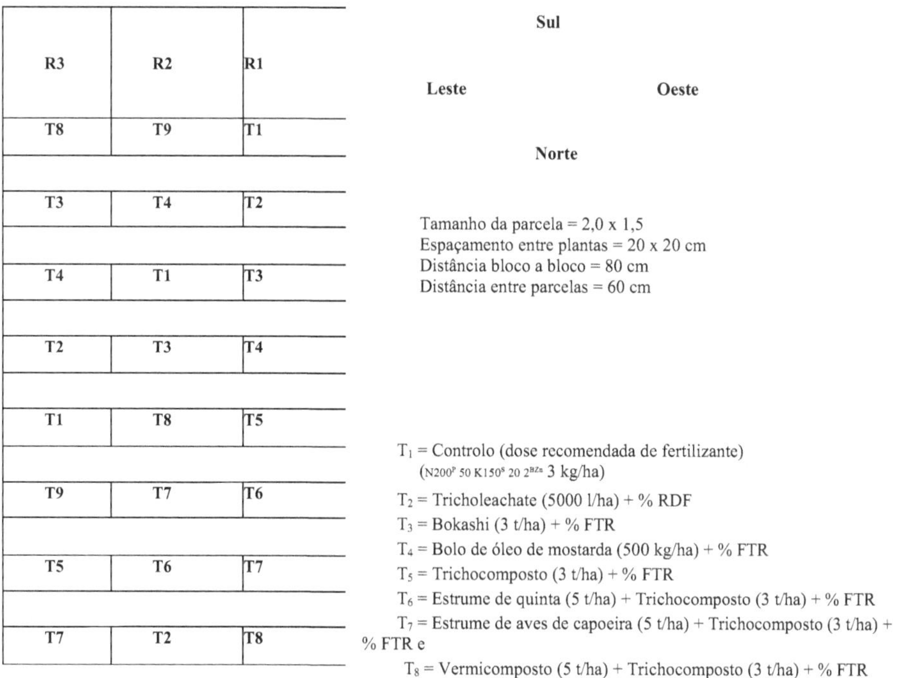

T_1 = Controlo (dose recomendada de fertilizante) ($N200^P$ 50 $K150^S$ 20 2^{BZn} 3 kg/ha)

T_2 = Tricholeachate (5000 l/ha) + % RDF

T_3 = Bokashi (3 t/ha) + % FTR

T_4 = Bolo de óleo de mostarda (500 kg/ha) + % FTR

T_5 = Trichocomposto (3 t/ha) + % FTR

T_6 = Estrume de quinta (5 t/ha) + Trichocomposto (3 t/ha) + % FTR

T_7 = Estrume de aves de capoeira (5 t/ha) + Trichocomposto (3 t/ha) + % FTR e

T_8 = Vermicomposto (5 t/ha) + Trichocomposto (3 t/ha) + % FTR

Figura 1. Esquema da experiência

3.8 Preparação do terreno

A parcela experimental foi aberta pela primeira vez na última semana de outubro de 2014 com um motocultivador para cura ao sol durante 7 dias antes da lavoura seguinte. A terra foi então lavrada e revolvida várias vezes com um motocultivador para obter uma boa camada de solo. A lavoura foi seguida de uma escada para quebrar grandes torrões de terra e para nivelar a superfície do terreno. As ervas daninhas e os restolhos foram removidos da terra logo após a escada, com especial cuidado para remover os rizomas da erva mutha.

3.9 Aplicação de doses de estrume, fertilizantes e agentes de controlo biológico

Estrume de vaca bem decomposto, estrume de aves de capoeira, vermicomposto, bokashi, trichocomposto, tricho-leachate, P, K, B, S e Zn foram aplicados durante a preparação final da terra, de acordo com o tratamento. O N foi aplicado em duas parcelas aos 30 e 60 dias após a plantação dos cormos.

Doses de fertilizantes recomendadas

Fertilizantes	Dose/ha
N	200 kg
P	50 kg
K	150 kg
S	20 kg
B	2 kg
Zn	3 kg

(Fonte: Halder *et al.*, 2007)

3.10 Plantação de cormos

Os cormos foram cuidadosamente tratados com o fungicida Bavistin durante 30 minutos e plantados a uma profundidade de 7 cm em sulcos em março de 2014. O espaçamento foi mantido a 20 cm de linha para linha e 20 cm de planta para planta.

3.11 Funcionamento Intercultural

3.11.1 Monda

A monda foi efectuada periodicamente, sempre que necessário.

3.11.2 Irrigação

A parcela experimental foi irrigada como e quando necessário durante todo o período de crescimento da planta seguindo o método de inundação.

3.11.3 Mulching

O solo foi frequentemente coberto com cobertura morta após a irrigação, quebrando a crosta para facilitar o arejamento e conservar a humidade do solo.

3.11.4 Ligação à terra

Foram efectuadas três ligações à terra aos 30, 50 e 70 dias após a plantação, durante todo o período de crescimento.

3.11.5 Seleção e etiquetagem de plantas

Dez plantas de cada parcela foram selecionadas ao acaso e marcadas com etiquetas para registo dos dados.

3.11.6 Colheita

Os espigões de gladíolo foram colhidos de janeiro a fevereiro de 2015 na fase de botões apertados e quando três botões florais basais mostravam cor, de modo a poderem abrir-se facilmente no interior, um a um (Bose *et al.*, 2003). Os cormos e as espigas foram colhidos em maio de 2015, quando as folhas se tornaram castanhas (Khan, 2009).

3.11.7 Medida fitossanitária

O míldio da folha é um problema grave para a cultura do gladíolo. Mas a severidade desta doença não foi tão proeminente durante o período de estudo. O Score @ 0,5 ml/L foi aplicado uma vez num intervalo de quinze dias. Em comparação com a doença, os insectos do gladíolo não são tão graves. Foi aplicado Malathion @ 1 ml/L para proteger os afídeos e os tripes.

3.12 Recolha de dados

Foram registadas observações de 10 plantas escolhidas aleatoriamente de cada parcela sobre os seguintes parâmetros.

3.12.1 Dias necessários para 80% de emergência da cultura

Foi registado através da contagem dos dias desde a plantação dos cormos até 80% da emergência da cultura e expresso em dias.

3.12.2 Altura da planta

A altura da planta refere-se ao comprimento total das 10 plantas selecionadas aleatoriamente, desde o nível do solo até à ponta da folha erecta, medido com uma escala de metros e a média foi calculada e expressa em centímetros.

3.12.3 Folhas/planta

O número de folhas por planta foi registado através da contagem de todas as folhas de 10 plantas ao acaso de cada parcela unitária e a média foi calculada.

3.12.4 Planta/colina

O número de plantas por colina foi registado através da contagem de todas as plantas por colina de 10 plantas aleatórias de cada parcela unitária e a média foi calculada.

3.12.5 Dias necessários para 80% de iniciação da espiga

Foi registado através da contagem dos dias desde a plantação dos cormos até à iniciação de 80% das espigas em 10 plantas selecionadas aleatoriamente em cada parcela, sendo depois calculada a média e expressa em dias.

3.12.6 Número de floretes/espiga

Foi registado através da contagem do número de floretes de 10 espigas selecionadas aleatoriamente e depois foi calculada a média.

3.12.7 Comprimento da espiga

Foi medido desde a extremidade onde foi cortado na base até à ponta da espiga, medindo a escala de 10 espigas selecionadas aleatoriamente e depois a média foi calculada e expressa em centímetros.

3.12.8 Comprimento do ráquis

O comprimento da ráquis refere-se ao comprimento desde as axilas do primeiro florete até à ponta da inflorescência.

3.12.9 Peso da espiga

Foram cortadas dez estacas de plantas selecionadas ao acaso em cada parcela unitária e os pesos das estacas foram registados para calcular a sua média e expressos em gramas.

3.12.10 Durabilidade das flores

A durabilidade das flores foi registada desde o momento da abertura da primeira flor até à frescura máxima em 10 espigas selecionadas aleatoriamente e expressa em dias.

3.12.11 Produção de flores/ha

A produção de flores por hectare foi calculada através da contagem do número de espigas por parcela e convertida em hectare.

3.12.12 Número de cormos

Foi calculado a partir do número de cormos obtidos em dez plantas selecionadas ao acaso e calculada a média.

3.12.13 Peso dos cormos

Foi determinado pesando o cormo de dez plantas selecionadas ao acaso, o seu peso médio foi calculado e expresso em gramas.

3.12.14 Diâmetro do caule

O diâmetro dos cormos colhidos foi medido com um paquímetro em 10 plantas selecionadas ao acaso, calculando-se a média e expressando-a em centímetros.

3.12.15 Número Cormel

Foi calculado a partir do número de cormos obtidos em dez plantas selecionadas ao acaso e calculada a média.

3.12.16 Peso Cormel

O peso do cormo/planta foi registado a partir do peso médio dos cormos selecionados aleatoriamente e expresso em gramas.

3.13 Análise estatística

Os dados registados sobre os diferentes parâmetros foram analisados estatisticamente utilizando o software 'MSTAT-C' para determinar a importância da variação resultante dos tratamentos experimentais. A média dos tratamentos foi calculada e a análise de variância para cada um dos caracteres foi efectuada pelo teste F (razão de variância). As diferenças entre as médias dos tratamentos foram avaliadas pelo teste de Duncan (DMRT) de acordo com Steel *et al.* (1997) ao nível de 5% de probabilidade. A análise de variância (ANOVA) dos dados relativos aos diferentes caracteres do gladíolo é apresentada no Apêndice III-V.

A composição do tratamento e os teores de nutrientes dos materiais utilizados são também
apresentados nos quadros 1 e 2.

Tabela 1. Composição dos tratamentos

Tratamentos	Corretivos orgânicos	Composição
T1	-	N200 P50 K150 S20 B2 Zn3 kg/ha
T2	Tricoleacato	Subproduto líquido do Trichocompost obtido durante a decomposição dos materiais do Trichocompost.
T3	Bokashi	farinha de peixe + bagaço de óleo + farinha de ossos + farelo de arroz + resíduos de aves + água + estrume de vaca fermentado
T4	Bolo de óleo de mostarda	subproduto da cultura de sementes de óleo de mostarda
T5	Trichocomposto	suspensão de esporos de um *Trichoderma harzianum* + matéria-prima transformada (estrume de vaca + resíduos de aves de capoeira + jacinto de água + resíduos vegetais + serradura + farelo de milho + melaço)
T6	Estrume de quinta e trichocomposto	estrume de vaca + urina de vaca + palha residual + outros resíduos lácteos & Trichocompost
T7	Estrume de aves de capoeira & Trichocompost	excrementos de galinha + material de cama (serradura e aparas de madeira) & Trichocompost
T8	Vermicomposto & Trichocompost	Estrume de vaca decomposto + minhocas *Eisenia fetida* e os seus excrementos & Trichocompost

Quadro 2. Teores de nutrientes dos adubos orgânicos utilizados na experiência

Alterações orgânicas	N	P	K	S
Tricholeachete	Subproduto líquido do Trichocompost obtido durante a decomposição dos materiais do Trichocompost.			
Bokashi	1.12	0.24	1.1	-
Bolo de óleo de mostarda	5.2	0.79	1	-
Trichocomposto	2.42	1.26	1.42	0.41

F Estrume do exército	0.5	0.1	0.42	1.1
Estrume de aves de capoeira	3.03	1.15	1.17	1.1
Vermicomposto	1.1	0.11	0.42	0.2

3.14 Análise química

O conteúdo de N, P, K e S do digerido da planta foi determinado seguindo o método de micro- Kjeldahi (Bremner e Mulvaney, 1982), colorimetricamente usando o método do ácido ascórbico azul molibdato por espetrofotometria (Olsen e Sommers, 1982), diretamente por Espectrofotómetro de Absorção Atómica a 766,5 pm de comprimento de onda (Modelo No. VARIAN SpectrAA 55B, Austrália), por desenvolvimento de turbidez seguido de espetrofotómetro a 420 pm de comprimento de onda (Chapman e Pratt, 1964).

Capítulo 4

RESULTADOS E DISCUSSÃO

A experiência foi realizada para estudar o efeito do adubo orgânico, do fertilizante inorgânico e do agente de controlo biológico no rendimento e na qualidade do gladíolo. A análise de variância (ANOVA) dos dados relativos aos diferentes parâmetros de crescimento, à duração da floração, à produção de flores e de cormos é apresentada nos apêndices III-V. Os resultados foram apresentados e discutidos, e as possíveis interpretações foram dadas nas seguintes rubricas:

4.1 Emergência de plantas (%)

O efeito de diferentes adubos orgânicos, fertilizantes inorgânicos e agentes de controlo biológico na percentagem de emergência de plantas de gladíolo é apresentado na Figura 2. Entre os diferentes tratamentos, T_8 (Vermicomposto 5 t/ha + Tricho-composto 3 t/ha + % RDF) mostrou 96,7% de emergência de plantas, seguido por T_6 e T_7 (93,3% de emergência de plantas) ($p<0,05$; Fig.2). A menor percentagem de emergência foi registada em T_1 e T_2 (86,7%). Pandey *et al.* (2013) relataram que a plantação de cormos em parcelas tratadas com Trichocompost + Vermicompost mostrou 98,0 % de emergência de plantas em culturas de gladíolos, o que apoia mais ou menos os presentes resultados.

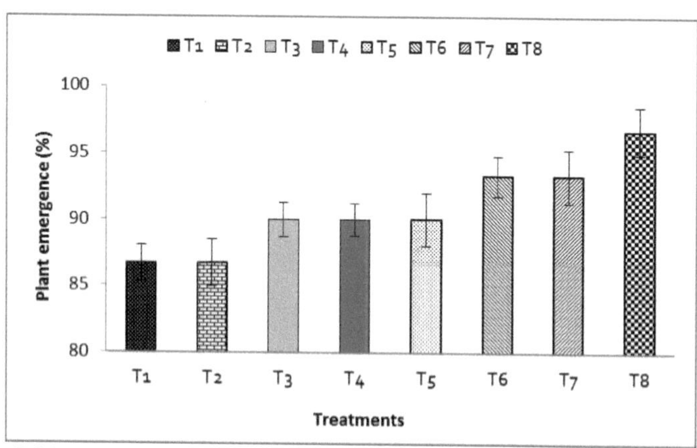

Fig.2. Efeito de diferentes tratamentos na emergência de plantas (%) de gladíolo.

Aqui, T_1 significa controlo (dose recomendada de fertilizante) (N_{200} P_{50} K_{150} S_{20} B_2 Zn_3 kg/ha), T_2 - Tricholeachate (5000 l/ha) + % RDF, T_3 - Bokashi (3 t/ha) + % RDF, T_4 - Bagaço de óleo de mostarda

(500 kg/ha) + % RDF, T$_5$ - Trichocomposto (3 t/ha) + % FTR, T$_6$ - Estrume de quinta (5 t/ha) + Trichocomposto (3 t/ha) + % FTR, T$_7$ - Estrume de aves (5 t/ha) + Trichocomposto (3 t/ha) + % FTR e T$_8$ - Vermicomposto (5 t/ha) + Trichocomposto (3 t/ha) + % FTR. As barras verticais representam o erro padrão das médias.

4.2 Altura da planta

A altura das plantas de gladíolo mostrou diferenças estatisticamente significativas devido a diferentes níveis de adubos orgânicos, agentes de controlo biológico e doses trimestrais recomendadas de fertilizantes aos 25, 45, 65 e 85 DAP (Fig. 3). A planta mais alta (26.0, 38.0, 46.0 e 55.0 cm) foi registada no T$_8$ aos 25, 45, 65 e 85 DAP, respetivamente, seguida pelo T$_7$ (25.0, 36.0, 45.0 e 50.0 cm) no mesmo DAP, novamente, no mesmo DAP, a planta mais baixa (18.0, 24.0, 32.0 e 38.0 cm) foi registada no T$_1$ (dose recomendada de fertilizante químico), respetivamente. O Gladiolus é um alimentador grosseiro e requer uma grande quantidade de NPK na forma de fertilizantes orgânicos e inorgânicos (Halder *et al.* 2007). A altura da planta pode ser atribuída à presença e síntese de giberelinas no vermicomposto. As giberelinas causam tanto o alongamento como a divisão celular, o que estimula o alongamento e resulta no aumento da altura da planta. Estes resultados estão em conformidade com os resultados de Shankar *et al.* (2010) e Prakash *et al.* (2015) em gladíolo.

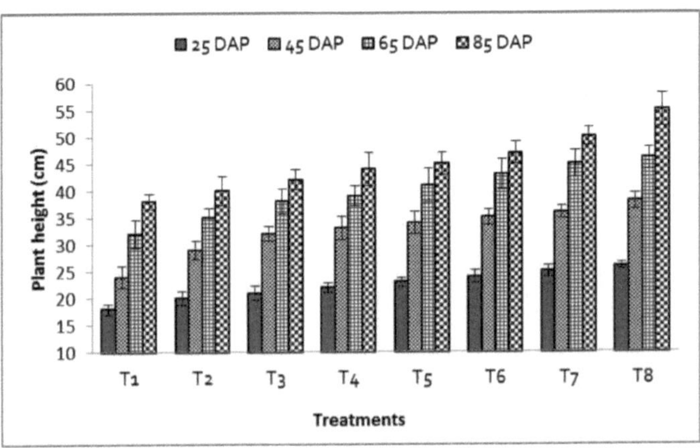

Fig. 3. Efeito de diferentes tratamentos na altura das plantas de gladíolo. Aqui, T$_1$ significa controlo (dose recomendada de fertilizante) (N$_{200}$ P$_{50}$ K$_{150}$ S$_{20}$ B$_2$ Zn$_3$ kg/ha), T$_2$ - Tricholeachate (5000 l/ha) + % RDF, T3 - Bokashi (3 t/ha) + % RDF, T4 - Bagaço de óleo de mostarda (500 kg/ha) + % RDF, T$_5$ - Trichocomposto (3 t/ha) + % FTR, T$_6$ - Estrume de quinta (5 t/ha) + Trichocomposto (3 t/ha) + % FTR, T$_7$ - Estrume de aves (5 t/ha) + Trichocomposto (3 t/ha) + % FTR e T$_8$ - Vermicomposto (5 t/ha) + Trichocomposto (3 t/ha) + % FTR. As barras verticais representam o erro padrão das médias.

4.3 Dias até à germinação

A variação entre os tratamentos em relação aos dias para a germinação do cormo, folhas por planta e plantas por colina foi estatisticamente significativa (Tabela 3). Os cormos sob o tratamento T_6 (esterco de curral 5 t/ha + Tricho-compost 3 t/ha + % RDF) levaram um tempo mínimo (8 dias) para brotar, seguidos pelos tratamentos T_7 e T_8 (9 dias) (esterco de aves 5 t/ha + Trichocompost 3 t/ha + % RDF) e (Vermicompost 5 t/ha + Tricho-compost 3 t/ha + % RDF). Os cormos sob o tratamento T_1 (controlo) necessitaram de

tempo máximo (12 dias). O aparecimento mais precoce de cormos em T_6, T_7 e T_8 pode dever-se ao facto de a absorção precoce de N, P e K ter aumentado a disponibilidade de micronutrientes, bem como de hormonas vegetais, pelo que o tempo necessário para o aparecimento de cormos foi significativamente reduzido. Singh *et al.* (2015) registaram resultados semelhantes em flores de gladíolo.

Quadro 3. Efeito do estrume orgânico, do fertilizante e do agente de controlo biológico no crescimento vegetativo do gladíolo

Tratamentos	Dias até à germinaçã	Folhas/planta	Plantas/colina
T1	12.0 a	8.0 b	1.0 b
T2	11.0 ab	9.2 ab	1.3 ab
T3	10.0 ab	9.3 ab	1.4 ab
T4	10.0 ab	9.3 ab	1.5 ab
T5	10.0 ab	9.3 ab	1.6 ab
T6	8.0 b	10.3 a	1.8 ab
T7	9.0 ab	10.4 a	1.8 ab
T8	9.0 ab	10.5 a	2.5 a
LSD (0,05)	**2.1**	**2.4**	**2.0**
CV%	**9.2**	**10.4**	**9.8**

Aqui, T_1 significa controlo (Dose recomendada de fertilizante) (N_{200} P_{50} K_{150} S_{20} B_2 Zn_3 kg/ha), T_2 - Tricholeachate (5000 l/ha) + % RDF, T_3 - Bokashi (3 t/ha) + % RDF, T4 - Bolo de óleo de mostarda (500 kg/ha) + % RDF, T_5 - Trichocomposto (3 t/ha) + % FTR, T_6 - Estrume de quinta (5 t/ha) + Trichocomposto (3 t/ha) + % FTR, T_7 - Estrume de aves (5 t/ha) + Trichocomposto (3 t/ha) + % FTR e T_8 - Vermicomposto (5 t/ha) + Trichocomposto (3 t/ha) + % FTR. As barras verticais representam o erro padrão das médias.

4.4 Número de folhas por planta

O resultado revelou que houve uma variação significativa no número de folhas por planta devido ao efeito de diferentes tratamentos (Tabela 3). O número máximo de folhas foi encontrado no tratamento T_8 (Vermicomposto 5 t/ha + Tricho-composto 3 t/ha + % RDF) (10,5) que foi estatisticamente semelhante ao T_7 (10,4). O menor número de folhas/planta foi encontrado no tratamento de controlo (8,0). Os resultados indicaram que o elemento azotado na forma orgânica melhorou a constituição da clorofila, o que conduz a melhores folhas do que no tratamento de controlo. Dubey *et al.* (2008) e Singh (2005) referiram que o efeito profundo da fertilização com azoto na estrutura anatómica do gladíolo resultou na produção de um maior número de folhas.

4.5 Número de plantas por colina

Diferentes níveis de adubo orgânico, fertilizante e agente de bio-controlo mostraram uma diferença estatisticamente significativa para o número de plantas/hill na colheita de flores no presente estudo (Anexo III). O número máximo (2,5) de plantas/hill foi registado em T_8 (Vermicomposto 5 t/ha + Trichocomposto 3 t/ha + A RDF) seguido de T_7 (Estrume de aves 5 t/ha + Trichocomposto 3 t/ha + A RDF) (1,8). Por outro lado, o número mínimo (1,0) de plantas/colina foi registado na parcela com condição de controlo, ou seja, utilização absoluta de fertilizante químico. O aumento do crescimento vegetativo pode ser devido a um melhor fluxo de vários macro e micro nutrientes, juntamente com substâncias de crescimento de plantas no sistema de plantas nas parcelas aplicadas com vermicomposto, trichocomposto e um quarto da dose recomendada de fertilizante. Os resultados observados estão de acordo com as conclusões de Naznin *et al.* (2015) e Reshma *et al.* (2013) em culturas de flores. Relataram que a aplicação de vermicomposto e trichocomposto juntamente com fertilizante teve efeitos tremendos no crescimento e desenvolvimento das plantas em gladíolos.

4.6 Dias necessários para 80% de iniciação da espiga

Os dias necessários para a iniciação de 80% da espiga mostraram variação nos diferentes tratamentos (Fig. 4). O mínimo de dias necessários para o plantio do cormo até 80% de iniciação da espiga foi registado no T_7 (68 dias) seguido pelo T_8 (70 dias). O tempo mínimo registado em T_7 (68 dias) foi semelhante aos registados por Naznin *et al.* (2015); Nambisan e Krishran (1983) e Gupta *et al.* (2008). O estrume de aves de capoeira, o vermicomposto e o tricocomposto podem ter um papel no fornecimento de macro e micronutrientes, enzimas e hormonas de crescimento e fornecem micronutrientes como Zn, Fe, Cu, Mn, etc. num nível ótimo que ajuda no desenvolvimento adequado da flor. Além disso, o aumento da superfície de absorção das raízes devido à utilização de adubo orgânico, agente de biocontrolo e fertilizante pode ter levado a uma maior absorção e translocação de água e nutrientes disponíveis, como P, Zn, Fe, Mg e Cl, resultando, em última análise, num melhor sumidouro para uma mobilização mais rápida da fotossíntese e uma transformação precoce das partes da planta da fase vegetativa para a fase reprodutiva. O tempo necessário para 80% de iniciação da espiga (80 dias) foi considerado atrasado no tratamento de controlo. Resultados semelhantes foram registados por Tripathi *et al.* (2013) em tuberosa e Narendra *et al.* (2013) em gladíolo.

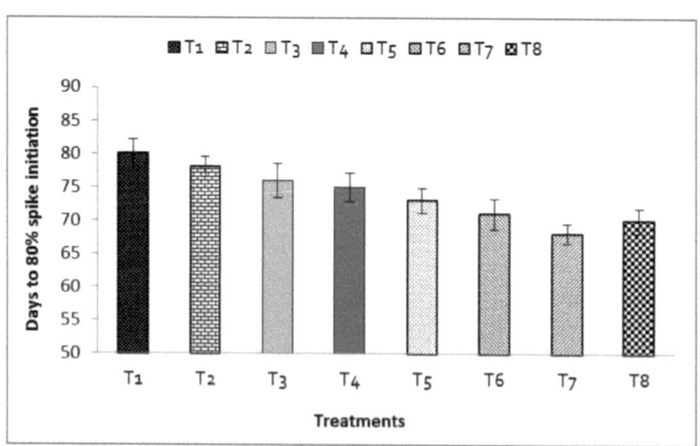

Fig. 4. Efeito de diferentes tratamentos na iniciação de 80% das espigas de gladíolo. Aqui, T_1 significa controlo (dose recomendada de fertilizante) (N_{200} P_{50} K_{150} S_2 o B_2 Zn_3 kg/ha), T_2 -Tricholeachate (5000 l/ha) + % RDF, T3 - Bokashi (3 t/ha) + % RDF, T4 - Bagaço de óleo de mostarda (500 kg/ha) + % RDF, T_5 - Trichocomposto (3 t/ha) + % FTR, T6 - Estrume de quinta (5 t/ha) + Trichocomposto (3 t/ha) + % FTR, T_7 - Estrume de aves (5 t/ha) + Trichocomposto (3 t/ha) + % FTR e T_8 - Vermicomposto (5 t/ha) + Trichocomposto (3 t/ha) + % FTR. As barras verticais representam o erro padrão das médias.

4. 7 Número de floretes

O número de floretes é um parâmetro importante do gladíolo. Registou-se uma variação no número de floretes/espiga para os diferentes tratamentos investigados (Fig. 5). O número máximo de floretes foi registado em T_8 (16) (Quadro 2). O menor número de floretes/planta (11) foi encontrado no tratamento de controlo (T_1). O aumento do número de flores por planta pode ser devido à presença de substâncias promotoras de crescimento, como nutrientes essenciais para as plantas, vitaminas, enzimas e antibióticos no vermicomposto e no trichocomposto, juntamente com a % de FTR. Estes resultados estão em conformidade com os resultados de Pathak e Kumar (2009) e Preethan *et al.* (2010) em gladíolos.

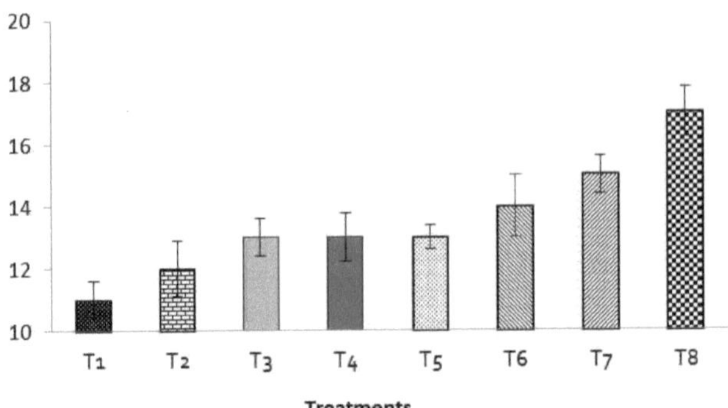

Fig. 5. Efeito de diferentes tratamentos no número de floretes do gladíolo. Aqui, T_1 significa controlo (dose recomendada de fertilizante) (N_{200} P_{50} K_{150} S_2 o B_2 Zn_3 kg/ha), T_2 - Tricholeachate (5000 l/ha) + % RDF, T3 - Bokashi (3 t/ha) + % RDF, T4 - Bagaço de óleo de mostarda (500 kg/ha) + % RDF, T_5 - Trichocomposto (3 t/ha) + % FTR, T_6 - Estrume de quinta (5 t/ha) + Trichocomposto (3 t/ha) + % FTR, T_7 - Estrume de aves (5 t/ha) + Trichocomposto (3 t/ha) + % FTR e T_8 - Vermicomposto (5 t/ha) + Trichocomposto (3 t/ha) + % FTR. As barras verticais representam o erro padrão das médias.

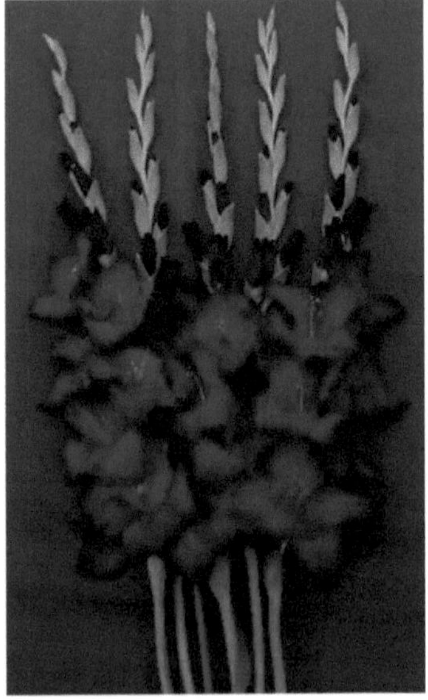

Placa 2. Número de floretes do gladíolo influenciado pelo vermicomposto 5 t/ha + tricocomposto 3 t/ha + % FTR

4.8 Comprimento da espiga

O comprimento da espiga da flor para diferentes tratamentos mostrou variação devido a diferentes tratamentos no gladíolo (Quadro 4). O comprimento mais longo (78,0 cm) da haste da flor foi registado em T_8 e o comprimento mais curto da haste foi encontrado no tratamento de controlo (68,5 cm) (Quadro 3). O aumento do comprimento da espiga foi provavelmente devido à presença de macro e micro nutrientes no vermicomposto e sua absorção eficiente devido à presença de vermicomposto no meio, o que mostrou o melhor crescimento vegetativo e reprodutivo da planta em T_8 . Estes resultados são semelhantes ao trabalho de Tripathi *et al.* (2012), que descobriram que o comprimento da espiga foi aumentado com a aplicação de vermicomposto e tricocomposto juntamente com % de fertilizantes RDF.

Placa 3. Efeito do estrume orgânico, do fertilizante e do agente de controlo biológico no comprimento da espiga do gladíolo

T_1 = Controlo (Dose recomendada de fertilizante) (N_{200} P_{50} K_{150} S_{20} B_2 Zn_3 kg/ha) ;
T_8 = Vermicomposto (5 t/ha) + Trichocomposto (3 t/ha) + % FTR

Quadro 4. Efeito do estrume orgânico, do fertilizante e do agente de controlo biológico na floração do gladíolo

Tratamentos	Comprimento da espiga (cm)	Comprimento do ráquis (cm)	Peso da espiga (g)
T1	68.5 c	34.0 c	55.0 c
T2	70.0bc	35.0bc	56,8 a.C.
T3	71,8 a.C.	37.6 b	57.0 bc
T4	71,6 a.C.	38.0 b	58.0 bc
T5	73.0 b	39,8 ab	60.0 b
T6	74,8 ab	41.0ab	62,8ab
T7	75.2ab	41.3ab	63.0 ab
T8	78.0 a	43.5 a	65.0 a
LSD (0,05)	**1.2**	**1.1**	**1.4**
CV%	**13.1**	**12.0**	**11.4**

Aqui, T_1 significa controlo (dose recomendada de fertilizante) (N_{200} P_{50} K_{150} S_2 o B_2 Zn_3 kg/ha), T_2 - Tricholeachate (5000 l/ha) + % RDF, T_3 - Bokashi (3 t/ha) + % RDF, T_4 - Bagaço de óleo de mostarda (500 kg/ha) + % RDF, T_5 - Trichocomposto (3 t/ha) + % FTR, T_6 - Estrume de quinta (5 t/ha) + Trichocomposto (3 t/ha) + % FTR, T7 - Estrume de aves (5 t/ha) + Trichocomposto (3 t/ha) + % FTR e T_8 - Vermicomposto (5 t/ha) + Trichocomposto (3 t/ha) + % FTR. As barras verticais representam o erro padrão das médias.

4.9 Comprimento do ráquis

Diferentes tratamentos de adubo orgânico, fertilizante e agente de controlo biológico tiveram um efeito significativo no comprimento da ráquis do gladíolo (Quadro 4). O comprimento da ráquis variou de 43,5 a 43,5 cm. O comprimento máximo da ráquis foi obtido em T_8 (43,5 cm) e o comprimento mínimo foi encontrado em T_1 (34,0 cm), que diferiu significativamente de todos os outros tratamentos. Os resultados estão em concordância parcial com Gupta *et al.* (2008) e Rajiv e Misra (2003), onde eles relataram que o comprimento da ráquis em flores foi aumentado com o uso de adubo orgânico com trichocompost em vez de fertilizante sintético.

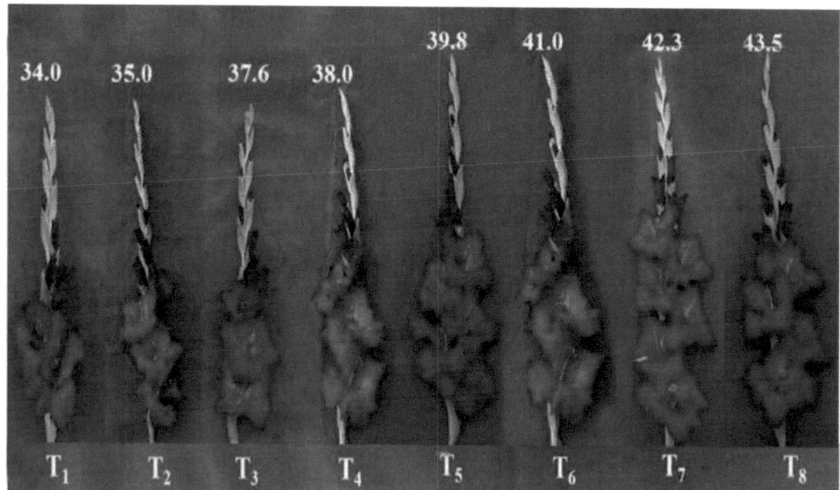

Placa 4. Efeito do estrume orgânico, do fertilizante e do agente de controlo biológico no comprimento da ráquis do gladíolo

Aqui, T_1= Controlo (Dose recomendada de fertilizante) (N_{200} P_{50} K_{150} S_2 o B_2 Zn_3 kg/ha), T_2 = Tricholeachate (5000 l/ha) + % RDF, T_3 = Bokashi (3 t/ha) + % RDF, T_4 = Bolo de óleo de mostarda (500 kg/ha) + % RDF, T_5 = Trichocomposto (3 t/ha) + % FTR, T_6 Estrume de capoeira (5 t/ha) + Trichocomposto (3 t/ha) + % FTR, T_7 = Estrume de aves de capoeira (5 t/ha) + Trichocomposto (3 t/ha) + % FTR e T8 Vermicomposto (5 t/ha) + Trichocomposto (3 t/ha) + % FTR

4.10 Peso da espiga

A Tabela 4 revela que diferentes tratamentos de adubo orgânico, fertilizante e agente de biocontrole tiveram efeito significativo no peso da espiga. O peso máximo de espiga foi obtido no tratamento T_8 (65,0 g) seguido de perto pelo tratamento T_7 (63,0 g) e o mínimo no tratamento T_1 (55,0 g) e foi estatisticamente comparável aos demais tratamentos. Isso pode ser devido ao fato de que as espigas obtidas de plantas com vermicomposto e tricomposto com % de fertilizante RDF tiveram mais número de floretes por espiga. Espigas com atributos de boa qualidade, como comprimento de espiga e comprimento de ráquis, por sua vez, tiveram maior número de floretes com maior comprimento e diâmetro, o que aumentou seu peso fresco (Tabela 4). Isto pode dever-se ao facto de estas plantas terem tido um bom crescimento vegetativo, o que lhes permitiu produzir mais fotossintatos e fornecer as espigas para o seu desenvolvimento. O melhoramento na qualidade das estacas deveu-se principalmente à fundição de minhocas que consiste em hormonas de crescimento de plantas, várias enzimas juntamente com macro e micronutrientes (Padaganur *et al.* 2005). Uma melhoria semelhante na qualidade pela incorporação de vermicomposto foi relatada por Dongardive *et al.* (2007) e Ranjan e Manse (2007) em gladíolos.

4.11 Durabilidade das flores

A duração máxima da floração foi observada em T_8 (vermicomposto 5 t/ha + trichocomposto 3 t/ha + % RDF) (17 dias) seguido de T_7 (16 dias) (estrume de aves 5 t/ha + trichocomposto 3 t/ha + % RDF). A aplicação de vermicomposto e trichocomposto com % FTR, bem como de estrume de aves e trichocomposto com % FTR, influenciou a longevidade das flores devido ao aumento da absorção de nutrientes pela planta e ao maior desenvolvimento de tecidos condutores de água. Pode também dever-se à presença de inibidores de etileno ou à presença de citocininas que atrasam a senescência dos floretes. Os resultados estão em conformidade com os resultados de Kusuma (2000) e Dongardive (2007) em gladíolos. A duração mínima da floração registou-se em T_1 (11 dias).

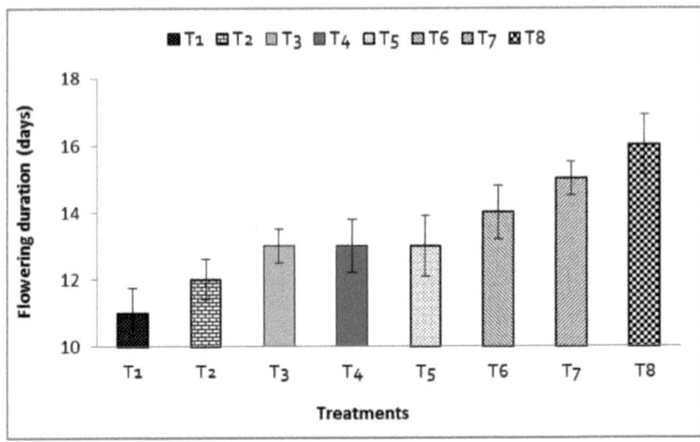

Fig.6. Efeito de diferentes tratamentos na duração da floração do gladíolo. Aqui, T_1 significa controlo (dose recomendada de fertilizante) (N_{200} P_{50} K_{150} S_{20} B_2 Zn_3 kg/ha), T_2 - Tricholeachate (5000 l/ha) + % RDF, T_3 - Bokashi (3 t/ha) + % RDF, T_4 - Bagaço de óleo de mostarda (500 kg/ha) + % RDF, T_5 - Trichocomposto (3 t/ha) + % FTR, T_6 - Estrume de quinta (5 t/ha) + Trichocomposto (3 t/ha) + % FTR, T_7 - Estrume de aves (5 t/ha) + Trichocomposto (3 t/ha) + % FTR e T_8 - Vermicomposto (5 t/ha) + Trichocomposto (3 t/ha) + % FTR. As barras verticais representam o erro padrão das médias.

4.12 Rendimento da espiga

O número máximo de espigas floridas 200000/ha foi produzido em T_8 (vermicomposto 5 t/ha + trichocomposto 3 t/ha+ % RDF) que foi superior aos outros tratamentos. O segundo maior número de espigas floridas por hectare (195000) foi registado em T_7 (resíduos de aves de capoeira 5 t/ha + trichocompost 3 t/ha+ % RDF). O fenómeno de maior número de espigas pode dever-se à descarga lenta e incessante de elementos azotados do estrume orgânico volumoso e do agente de controlo biológico com % de FTR, que influenciou o aumento do teor de clorofila, importando folhagem de cor verde escura, resultando em maior reserva de alimento que promoveu o número de espigas por colina. Uma tendência semelhante foi também registada por Sisodia *et al.* (2015) na flor de tuberosa e por Rajiv *et al.* (2006) na flor de gladíolo.

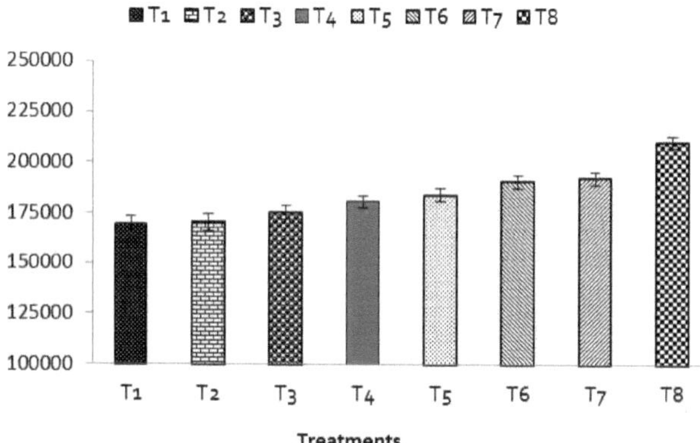

Fig.7. Efeito de diferentes tratamentos na produção de espigas de gladíolo por hectare. Aqui, T_1 significa controlo (dose recomendada de fertilizante) (N_{200} P_{50} K_{150} S_{20} B_2 Zn_3 kg/ha), T_2 - Tricholeachate (5000 l/ha) + % RDF, T_3 - Bokashi (3 t/ha) + % RDF, T4 - Bagaço de óleo de mostarda (500 kg/ha) + % RDF, T_5 - Trichocomposto (3 t/ha) + % FTR, T_6 - Estrume de quinta (5 t/ha) + Trichocomposto (3 t/ha) + % FTR, T_7 - Estrume de aves (5 t/ha) + Trichocomposto (3 t/ha) + % FTR e T_8 - Vermicomposto (5 t/ha) + Trichocomposto (3 t/ha) + % FTR. As barras verticais representam o erro padrão das médias.

4.13 Número de cormos/colina

O número de cormos por colina mostrou uma diferença significativa entre os tratamentos (Tabela 5). O número máximo de cormos/colina (2,0) foi encontrado em T_8 (vermicomposto 3 t/ha + trichocomposto 3 t/ha + % RDF), que foi significativamente maior do que todos os outros tratamentos. O número mais baixo de cormos por colina (1,0) foi observado em T_1 (controlo). O efeito benéfico de fontes de nutrientes como o vermicomposto e o tricocomposto tem grande influência na produção de cormos no gladíolo (Kukde *et al.* 2006). O maior número de cormos em plantas com aditivos orgânicos e trichocomposto aplicadas juntamente com fertilizantes químicos (% FTR) pode ser produzido por um maior número de folhas. Estes resultados estão em consonância com os registados por Gupta *et al.* (2008) e Prokash *et al.* (2015) em gladíolos.

4.14 Número de cormo/colina

O número de espigas/colina apresentou uma variação estatisticamente significativa para diferentes tratamentos no presente estudo (Anexo V). O número máximo de cormos/hill (20,0) foi registado em T_8 (Vermicomposto 5 t/ha + tricocomposto 3 t/ha + A RDF) (17 dias) seguido de T_7 (17,0) (Estrume de aves 5 t/ha + tricocomposto 3 t/ha + % RDF) (Quadro 5). Isso pode ser devido à melhoria da disponibilidade de nutrientes para as plantas. Os resultados do presente estudo também são confirmados pelos resultados de Sushma e Aruna (2008) em gladíolos. O tratamento T_1 produziu um número mínimo de espigas (10,0) (Quadro 5).

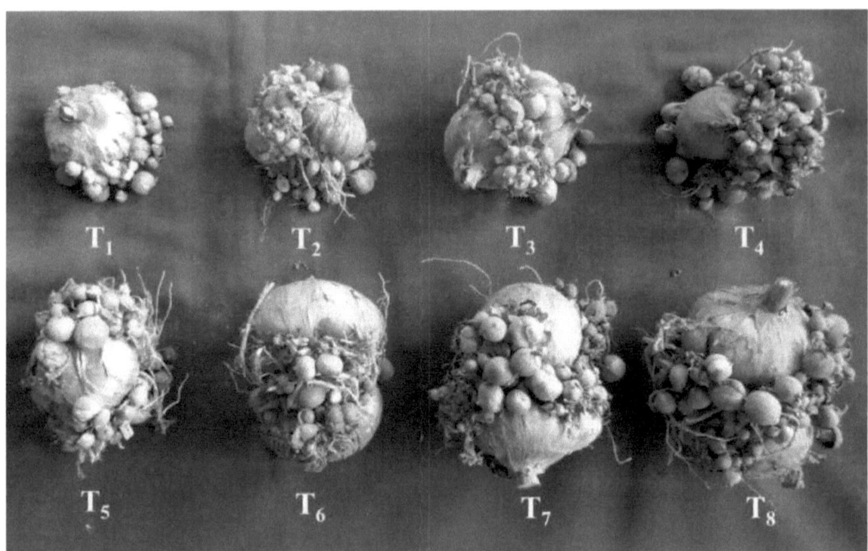

Placa 5. Número de cormo do gladíolo influenciado por adubo orgânico, fertilizante e agente de biocontrolo

Aqui, T_1 = Controlo (Dose recomendada de fertilizante) (N_{200} P_{50} K_{150} S_{20} B_2 Zn_3 kg/ha), T_2 = Tricholeachate (5000 l/ha) + A RDF, T_3 = Bokashi (3 t/ha) + % RDF, T_4 = Bolo de óleo de mostarda (500 kg/ha) + % RDF, T_5 = Trichocompost (3 t/ha) + % RDF, T_6 Estrume de quinta (5 t/ha) + Trichocomposto (3 t/ha) + % FTR, T_7 = Estrume de aves (5 t/ha) + Trichocomposto (3 t/ha) + % FTR e T_8 = Vermicomposto (5 t/ha) + Trichocomposto (3 t/ha) + % FTR.

Quadro 5. Efeito do estrume orgânico, do fertilizante inorgânico e do agente de biocontrolo na produção de cormos e corelos de gladíolo

Tratamentos	Número do verme/colina	Número/hill de Cormel	Diâmetro dos cormos (cm)	Peso do cormo (g)	10 peso do cormo (g)
Ti	1.0 b	10.0 c	4.5 b	50.0 c	30.0 c
T2	1.1 b	11.0 c	5.0 ab	51.8 a C	32.0 bc
T3	1.5 ab	13.0 bc	5.2 ab	53.4 a C	35.0 bc
T4	1.5 ab	13.0 bc	5.2 ab	53,8 a C	36.0 b
T5	1.6 ab	13.0 bc	5.3 ab	55.0 b	38,5 ab
T6	1.8 ab	15.0 b	5.4 ab	57.0 ab	39.0 ab
T7	1.9 ab	17.0 ab	5.4 ab	58.0 ab	40,5 ab
T8	2.5 a	20.0 a	5.8 a	60.0 a	42.0 a
LSD (0,05)	2.1	2.0	1.9	2.2	2.4
CV%	9.8	9.5	8.6	10.4	11.2

Aqui, T_1 significa controlo (dose recomendada de fertilizante) (N200 P50 K150 S_2 o B_2 Zn_3 kg/ha), T_2 - Tricholeachate (5000 l/ha) + % RDF, T_3 - Bokashi (3 t/ha) + % RDF, T4 - Bolo de óleo de mostarda (500 kg/ha) + % RDF, T_5 - Trichocomposto (3 t/ha) + % FTR, T_6 - Estrume de quinta (5 t/ha) + Trichocomposto (3 t/ha) + % FTR, T - Estrume de aves (5 t/ha) + Trichocomposto (3 t/ha) + % FTR e T_8 - Vermicomposto (5 t/ha) + Trichocomposto (3 t/ha) + % FTR.

4.15 Diâmetro do caule

Os dados sobre o efeito de diferentes níveis de adubo orgânico, fertilizante e agente de controlo biológico no diâmetro dos cormos de gladíolo são apresentados no Quadro 5. O maior cormo (5,8 cm) foi produzido em T_8 (vermicomposto 5 t/ha + trichocomposto 3 t/ha + % RDF), diferente dos outros tratamentos (Quadro 6). O menor cormo (4,7 cm) foi obtido no controlo. De acordo com Shankar e Dubey *et al.* (2005), o diâmetro dos cormos aumentou quando se aplicou vermicomposto e tricocomposto juntamente com fertilizante orgânico (% FTR) no campo de gladíolos.

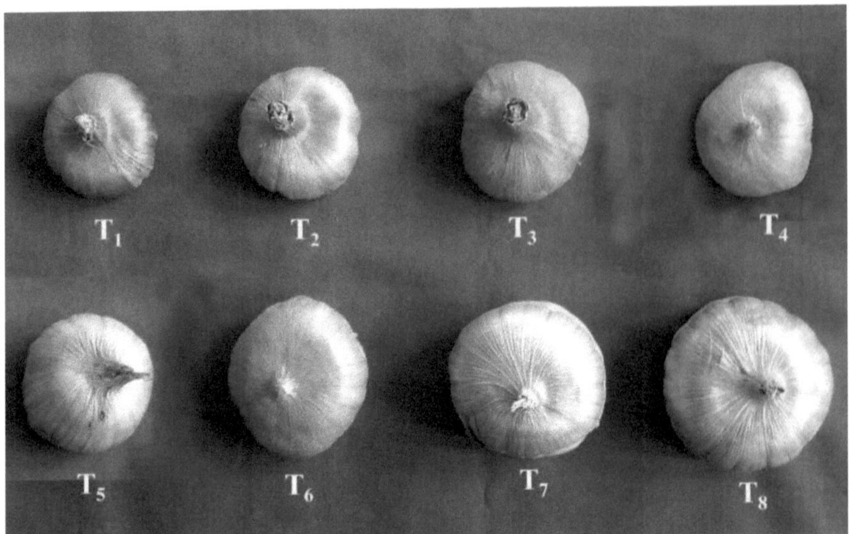

Placa 6. Diâmetro do caule influenciado por adubo orgânico, fertilizante e agente de controlo biológico Aqui, T_1 = Controlo (dose recomendada de fertilizante) (N200 P50 K150 S_2 o B_2 Zn_3 kg/ha), T_2 = Tricholeachate (5000 l/ha) + % RDF, T_3 = Bokashi (3 t/ha) + % RDF, T_4 Bagaço de óleo de mostarda (500 kg/ha) + % FTR, T_5 = Trichocomposto (3 t/ha) + % FTR, T_6 = Estrume de quinta (5 t/ha) + Trichocomposto (3 t/ha) + % FTR, T7 Estrume de aves de capoeira (5 t/ha) + Trichocomposto (3 t/ha) + % FTR e T_8 Vermicomposto (5 t/ha) + Trichocomposto (3 t/ha) + % FTR.

4.16 Peso dos cormos

O peso do cormo individual mostrou variação estatisticamente significativa para diferentes tratamentos sob a presente investigação (Tabela 5). O peso máximo (60.0g) de cada cormo foi registado em T_8 (Vermicomposto 5 t/ha + trichocomposto 3 t/ha + % RDF) que foi estatisticamente diferente dos outros tratamentos e o peso mínimo (50.0 g) de cada cormo foi registado em T_1 (Controlo). Numa experiência, o tratamento com vermicomposto, trichocomposto com fertilizante, bem como com estrume de aves, trichocomposto com fertilizante, revelaram-se ambos muito eficazes para o desenvolvimento de cormos, tal como referido por Padaganur *et al.* (2005) e Reshma *et al.* (2013) em gladíolos.

4.17 Peso Cormel

Foi registada uma variação estatisticamente significativa para os diferentes tratamentos em termos de peso de 10 cormos. O peso mais elevado (42,0 g) de 10 espigas foi registado em T_8 (vermicomposto 5 t/ha + trichocomposto 3 t/ha + % RDF). Por outro lado, o peso mais baixo (30,0 g) foi registado na condição de controlo. Shashikanth (2005) e Kazal *et al.* (2011) corroboram as presentes constatações no caso do gladíolo. Presume-se que a melhor disponibilidade e absorção de nutrientes facilitada por fertilizantes e vermicomposto pode ter resultado num melhor crescimento, produção de fotossintatos e desvio de fotossintatos para órgãos reprodutivos e de armazenamento, o que resultou num aumento do peso e do diâmetro dos cormos, bem como do número e do peso dos cormos por planta no gladíolo.

4.18 Reação dos insectos e das doenças

O gladíolo é suscetível a vários insectos e doenças que afectam negativamente a qualidade e a quantidade da cultura. No entanto, as pragas do gladíolo são abundantes e o problema comum pode começar nas folhas dos cormos ou mesmo nas flores. A cultura é sobretudo infestada por afídeos, tripes e ácaros (Bose *et al.*, 2003). As principais doenças, como a podridão *de Fusarium* e a mancha foliar, ocorrem no gladíolo (Rabbi, 2008). Misra e Singh (1999) registaram a ocorrência de muito poucas doenças e pragas no gladíolo. A podridão de Fusarium, a doença da mancha foliar, a infestação de pulgões e ácaros no gladíolo não foram detectadas no caso do tratamento T_8 (vermicomposto 5 t/ha + trichocomposto 3 t/ha + % FTR), T_7 (estrume de aves de capoeira 5 t/ha + trichocomposto 3 t/ha + % FTR) e T_6 (estrume de quinta 5 t/ha + trichocomposto 3 t/ha + % FTR). A maior incidência de doenças e infestação de insectos foi observada em T_1 (dose recomendada de fertilizante) (Quadro 6). Os resultados estão parcialmente de acordo com Sharma *et al.* (2004), Islam (2011) e Dubey *et al.* (2008) em gladíolo.

Tabela 6. Incidência de doenças e infestação de insectos no gladíolo contra diferentes tratamentos

Tratamentos	Incidência da doença			Infestação de insectos		
	Podridão de Fusarium	Mancha da folha	Oídio	Ácaro	Pulgão	Tripes
Ti	+++	+++	Nulo	3	3	Nulo
T2	++	++	Nulo	2	2	Nulo
T3	+	+	Nulo	1	1	Nulo
T4	+	+	Nulo	1	1	Nulo
T5	+	+	Nulo	1	1	Nulo
T6	-	-	Nulo	0	0	Nulo
T7	-	-	Nulo	0	0	Nulo
T_8	-	-	Nulo	0	0	Nulo

0 = Sem população; 1 = Menor, 2= Média, 3 = Alta e - = Nula; + = Menor; ++ = Média; +++ = Alta

Aqui, T_1 = Controlo (Dose recomendada de fertilizante) (N_{200} P_{50} K_{150} S_{20} B_2 Zn_3 kg/ha), T_2 = Tricholeachate (5000 l/ha) + % RDF, T_3 = Bokashi (3 t/ha) + % RDF, T_4 Bagaço de óleo de mostarda (500 kg/ha) + % RDF, T_5 = Trichocompost (3 t/ha) + % RDF, T_6 = Estrume de quinta (5 t/ha) + Trichocomposto (3 t/ha) + % FTR, T7 Estrume de aves (5 t/ha) + Trichocomposto (3 t/ha) + % FTR e T_8 = Vermicomposto (5 t/ha) + Trichocomposto (3 t/ha) + % FTR.

Capítulo 5

RESUMO E CONCLUSÃO

Resumo

Foi realizada uma investigação no Campo Experimental de Floricultura do Centro de Investigação em Horticultura, Instituto de Investigação Agrícola do Bangladeche (BARI), Joydebpur, Gazipur, entre novembro de 2014 e maio de 2015, para estudar o crescimento, o rendimento e a qualidade do gladíolo sob a influência de adubo orgânico, fertilizante e agente de controlo biológico, nomeadamente T_1 = Controlo (dose recomendada de fertilizante) (N_{200} P_{50} K_{150} S_{20} B_2 Zn_3 kg/ha), T_2 = Tricholeachate (5000 l/ha) + A RDF, T_3 = Bokashi (3 t/ha) + A RDF, T_4 = Bolo de óleo de mostarda (500 kg/ha) + A RDF, T_5 = Trichocompost (3 t/ha) + A RDF, T_6 = Estrume de quinta (5 t/ha) + Trichocompost (3 t/ha) + A RDF, T_7 = Estrume de aves de capoeira (5 t/ha) + Trichocompost (3 t/ha) + A RDF e T_8 = Vermicomposto (5 t/ha) + Trichocompost (3 t/ha) + A RDF.

O experimento foi realizado em um delineamento de blocos completos aleatórios com três repetições. O tamanho da parcela unitária foi de 2,0 m x 1,5 m, acomodando 70 plantas por parcela. O espaçamento foi mantido a 20 cm de linha para linha e a 20 cm de planta para planta. As hastes do gladíolo foram colhidas de janeiro a fevereiro de 2015 na fase de botão apertado e quando três botões florais basais mostraram cor, de modo a poderem abrir-se facilmente no interior, um a um. Os cormos e as espigas foram colhidos em maio de 2015, quando as folhas se tornaram castanhas.

Foram recolhidos dados de 10 plantas selecionadas aleatoriamente de cada parcela. Foram feitas observações sobre a emergência das plantas (%), a altura das plantas, os dias até à germinação, o número de folhas, o número de plantas por colina, a dispersão das plantas, o comprimento da espiga, o comprimento do ráquis, o número de floretes por espiga, o peso das espigas, os dias até 80% de iniciação da espiga, a durabilidade das flores, a produção de espigas, o número de cormos, o número de cormos, o peso de 10 cormos, a produção de cormos e cormos, etc.

A análise de variância dos dados revelou que todos os caracteres estudados de crescimento, rendimento (floração e produção de cormo e cormo) e rendimento do gladíolo variaram significativamente ao nível de 5% de probabilidade devido à influência do adubo orgânico e do agente de controlo biológico. A variação entre os tratamentos no que respeita à percentagem de emergência das plantas e aos dias até à germinação do cormo foi significativa. Os cormos sob o tratamento T_8 (Vermicomposto 5 t/ha + Trichocomposto 3 t/ha + A RDF) mostraram a maior emergência de plantas (96,7%) seguido por T_7 e T_6 (93,3% de emergência de plantas). A percentagem mais baixa de emergência foi registada em T_1 e T_2 (86,7%).

O tratamento T_6 (Estrume de curral 5 t/ha + Trichocompost 3 t/ha + % RDF) levou um tempo mínimo (8 dias) para germinar, seguido pelos tratamentos T_7 e T_8 (9 dias) (Estrume de aves 5 t/ha + Trichocompost 3 t/ha + % RDF) e (Vermicompost 5 t/ha + Trichocompost 3 t/ha + % RDF), enquanto os cormos sob o tratamento T_1 (controlo) precisaram de um tempo máximo (12 dias).

A altura das plantas de gladíolo mostrou diferenças estatisticamente significativas devido a diferentes níveis de adubos orgânicos, agentes de controlo biológico e doses trimestrais recomendadas de fertilizantes aos 25, 45, 65 e 85 DAP. Nos diferentes dias após a plantação (DAP), a planta mais alta (26.0, 38.0, 46.0 e 55.0 cm) foi registada em T_8 aos 25, 45, 65 e 85 DAP respetivamente, seguida de T_7 (25.0, 36.0, 45.0 e 50.0 cm) no mesmo DAP, novamente, no mesmo DAP a planta mais curta (18.0, 24.0, 32.0 e 38.0 cm) foi registada no T_1 (controlo i.e. uso absoluto de fertilizante químico) respetivamente.

O número máximo de folhas foi encontrado no tratamento T_8 (Vermicomposto 5 t/ha + Trichocomposto 3 t/ha + % RDF) (10,5) que foi estatisticamente semelhante ao T_7 (10,4). O menor número de folhas/planta foi encontrado no tratamento de controlo (8,0). O máximo de plantas/colina foi registado no tratamento T_8 (2,5), que foi estatisticamente diferente dos outros tratamentos. O segundo maior número de plantas/hill (1,8) foi registado no tratamento T_7 . O mínimo de plantas/hill (1,0) foi observado no tratamento de controlo.

Os dias necessários para a iniciação de 80% da espiga mostraram variação nos diferentes tratamentos. O mínimo de dias necessários para a plantação de cormos até 80% de iniciação de espigas foi registado em T_7 (68 dias) seguido de T_8 (70 dias).

O comprimento da espiga da flor para diferentes tratamentos mostrou variações devido a diferentes tratamentos no gladíolo. O comprimento mais longo (78,0 cm) da haste da flor foi registado em T_8 e o comprimento mais curto da haste foi encontrado no tratamento de controlo (68,5 cm). O comprimento da ráquis variou de 34,0 a 43,5 cm. O comprimento máximo da ráquis foi obtido no T_8 (43,5 cm) e o comprimento mínimo foi encontrado no T_1 (34,0 cm), que diferiu significativamente de todos os outros tratamentos.

O número de floretes é um parâmetro importante do gladíolo. Registou-se uma variação do número de floretes/espiga nos diferentes tratamentos investigados. O número máximo de floretes foi registado em T_8 (16). O menor número de floretes/planta (11) foi encontrado no tratamento de controlo (T_1).

Foi revelado que diferentes tratamentos de adubo orgânico, fertilizante e agente de biocontrole tiveram efeito significativo no peso da espiga. O peso máximo de espiga foi obtido no tratamento T_8 (65,0 g) seguido de perto pelo tratamento T_7 (63,0 g) e o mínimo no tratamento T_1 (55,0 g) e foi estatisticamente comparável aos demais tratamentos.

O número máximo de espigas floridas 200000/ha foi produzido em T_8 (Vermicomposto 5 t/ha + Trichocomposto 3 t/ha+ % RDF) que foi superior aos outros tratamentos. O segundo maior número de espigas floridas por hectare (195000) foi registado em T_7 (resíduos de aves 5 t/ha + Trichocompost 3 t/ha+ % RDF). A duração máxima da floração foi observada em T_8 (Vermicomposto 5 t/ha + Trichocomposto 3 t/ha + % RDF) (17 dias) seguido por T_7 (16 dias) (Estrume de aves 5 t/ha + Trichocomposto 3 t/ha + % RDF).

O número de cormos por colina mostrou uma diferença significativa entre os tratamentos. O número máximo de cormos/hill (2,5) foi encontrado em T_8 (Vermicomposto 3 t/ha + Trichocomposto 3 t/ha + % RDF) que foi significativamente maior do que todos os outros tratamentos. O menor número de cormos por colina (1,0) foi observado em T_1 (controlo).

O número de espigas/colina apresentou uma variação estatisticamente significativa nos diferentes tratamentos do presente estudo. O número máximo de espigas/hill (20.0) foi registado em T_8 (Vermicomposto 5 t/ha + Trichocomposto 3 t/ha + % RDF) seguido de T_7 (17.0) (Estrume de aves 5 t/ha + Trichocomposto 3 t/ha + % RDF).

O maior cormo (5,8 cm) foi produzido no T_8 (Vermicomposto 5 t/ha + Tricocomposto 3 t/ha + % RDF), diferente dos outros tratamentos. O menor cormo (4,5 cm) foi obtido no controlo.

O peso do cormo individual mostrou variação estatisticamente significativa para diferentes tratamentos sob a presente investigação. O peso máximo (60.0g) do cormo individual foi registado em T_8 (Vermicomposto 5 t/ha + Trichocomposto 3 t/ha + % RDF) que foi estatisticamente diferente dos outros tratamentos e o peso mínimo (50.0 g) do cormo individual foi registado em T_1 (Controlo). Foi registada uma variação estatisticamente significativa para os diferentes tratamentos em termos de peso de 10 cormos. O peso mais elevado (42,0 g) foi registado em T_8 (vermicomposto 5 t/ha +

tricocomposto 3 t/ha + % RDF). Por outro lado, o peso mais baixo (30,0 g) de dez espigas foi registado na condição de controlo.

O gladíolo é suscetível a vários insectos e doenças que afectam negativamente a qualidade e a quantidade da cultura. A podridão de Fusarium, a doença da mancha foliar, a infestação de pulgões e ácaros no gladíolo não foram encontradas no caso do tratamento T_8 (Vermicomposto 5 t/ha + Trichocomposto 3 t/ha + % RDF), T_7 (Estrume de aves de capoeira 5 t/ha + Trichocomposto 3 t/ha

+ % RDF) e T_6 (Estrume de quinta 5 t/ha + Trichocompost 3 t/ha + % RDF). A maior incidência de doenças e infestação de insectos foi observada em T 1 (Controlo).

Conclusão

*   A aplicação de vermicomposto 5 t/ha + tricocomposto 3 t/ha juntamente com $1/4^{th}$ RDF mostrou resultados significativos no crescimento vegetativo, floração, cormo e atributos do cormo no gladíolo.

*   Por conseguinte, é benéfica para a cultura do gladíolo e pode ser recomendada para a produção de flores, rebentos e cormos e para a durabilidade das flores do gladíolo.

RECONHECIMENTO

O autor gostaria de agradecer ao Ministério da Ciência e Tecnologia, Governo da República Popular do Bangladesh, pelo apoio financeiro a esta investigação.

REFERÊNCIAS

Abdou, M. A H., Aly, M. K. e Ahmed, A S. A (2013). Efeito do composto, biofertilização e adição de algumas vitaminas em *Gladiolus grandiflora* cv. *J. PlantProduc.,* **4** (12): 1751-1761.

Allaway, W. H. (1996). O efeito do EM, do bokashi e do agente de controlo biológico nas plantas. Agric. Int. Bull. No. 315. Departamento de Agricultura. Washington D. C. USA. pp. 11-15.

Anjana, S. e Singh, A. K. (2015). Efeito do estrume de quinta, vermicomposto e *Trichoderma* na floração e atributos de corm em gladíolo. *Bangladesh J. Bot, 44* (2): 309-314.

Arab, A., Zamani, G. R., Sayyari, M. H. e Asili, J. (2015). Efeitos de fertilizantes químicos e biológicos em caraterísticas morfofisiológicas de calêndula (*Calendula officinalis* L.) European *J. Medi. Plants,* **8** (1): 60-64.

Arsey, R., Singh, R. e Kumar, S. (2002). Influência de adubos orgânicos e conservantes de flores no tempo de vida pós-colheita da flor de corte de gladíolo. *Annals Agril. Res.,* **23**(4): 659-663.

Atiyeh, R. M., Edwads, C. A., Subler, S. e Metzer, J. D. (2000). Resíduos orgânicos processados por minhocas como componentes de meios de envasamento de horticultura para o cultivo de mudas de calêndula. *Compost Sci. Util.,* **8**: 215-223.

Azad, M. I. e Yousuf, M. Y. (1982). Reciclagem de matéria orgânica para melhorar a produtividade do solo. *Pakistan J. Agric. Res., 22* (2): 15-18.

Baker, K. F., e Cook, J. R. (1974). Biological Control of Plant Pathogens : A review. *Orissa J. Plant Path, 3* (2): 20-26.

Belorkar, P. V., Patil, B. N., Dhumal, B. S. e Dalal, S. D. (1993). Effect of EM and bokashi on growth, flowering and yield of tuberose *(Polianthes tuberosa). J. Soil Crops,* **2** (1): 110-115.

Bhattacharjee, S. K. (2010). Gladiolus. Floricultura Comercial Avançada. Vol. **3**. Rev. Edn. Aavishkar Publ. Joipur, Índia. pp. 88- 106.

Bose, T. K., Yadav, L. P., Pal, P., Das, P. e Parthasarathy, V. A. (2003). Tuberose. Commercial Flowers. *Nayaprakash, Calcutá, Índia.* pp. 603-644.

Bremner, J. M., Mulvaney, C. S. (1982). Total nitrogen, In: Methods of Soil Analysis, Part 2, 2nd Edition, Page AL, Miller RH, Keeney DR, *American Society of Agronomy* Madison, USA. pp. 599-622.

Chaitra, R. e Patil, V. S. (2007). Estudos de gestão integrada de nutrientes no áster da China *(Callistephus chinensis Nees)* cv. Kamini. Karnataka. *J. Agric. Sci.,* **20** (3): 689-690.

Chapman, C. A., Pratt, P. F. (1964). Methods of Analysis for Soil, Plant and Water, Division of Agricultural Science, University of California, USA.

Chaoui, I., Zibiliske, M. e Ohno, T. (2003). Efeito da terra e do composto na atividade microbiana do solo e na disponibilidade de nutrientes para as plantas. *Soil Biol. Biochem.,* **35**: 295-302.

Chaudhary, N., Swaroop, K., Jnakiram, T., Biswas, D. R. e Singh, G. (2013). Efeito da gestão integrada de nutrientes no crescimento vegetativo e nos caracteres de floração do gladíolo. *Indian J. Hort.,* **70** (1): 156-159.

Chauhan, S., Singh, C. N. e Singh, A. K. (2005). Efeito do vermicomposto e do pinching no crescimento e floração da calêndula cv. Pusa Narangi Gainda. *Prog. Hort.,* **37** (2): 419-422.

Conte-e-Castro, A. M., Ruppenthal, V., Zigiotto, D. C., Bianchini, M. I. F. e Backes, C. (2001). Adubação orgânica na cultura do gladíolo. *J. Plant Soil,* **1**(1): 33-41.

Dadlani, N. K. (2013). Perspectivas da Floricultura do Bangladesh. Um documento de nota chave apresentado no Seminário sobre o Desenvolvimento da Floricultura no Bangladesh realizado em 18th maio no BARC, Farmgate, Dhaka.

Dalve, P. D., Mane, S. V., Ranadive, S. N. (2009). Efeito das alterações orgânicas com fertilizantes na qualidade das flores de helicónia. *J. Maharastra Agric. Sci.,* **34**: 128-130.

Dongardive, S. B., Golliwar ,V. J. e Bhongle, S. A. (2007). Efeito do estrume orgânico e dos biofertilizantes no crescimento e na floração do Gladiolus cv. white prosperity. Plant Archives, **2** : 657-658.

Dubey, R. K., Kumar, P., Singh, N. e Kumar, R. (2008). Effect of *Trichoderma viride* and *Pseudomonas fluorescens* on growth and flowering of gladiolus. *Indian J. Eco.,* **35** (1): 554-556.

Edmond, J. B., Sen, T. L., Andrews, F. S. e Halfacre, R. G. (1977). Matéria orgânica e melhoramento do solo. *In:* Fundamental of Horticulture. Tata Mc-Graw Hill Publishing Co. Ltd. Nova Deli. pp. 237-257.

Elad, Y., Hadar, E., Chet, I. e Henis, Y. (1981). Controlo biológico de *Rhizoctonia solani* por *Trichoderma harzianum* em cravos. *Plant Disease.,* **65**: 675-667.

Gangadharan, G. D. e Gopinath, G. (2000). Efeito de fertilizantes orgânicos e inorgânicos no crescimento, floração e qualidade do gladíolo cv. white prosperity. *Karnataka J. Agric. Sci.,* **13**(2): 401-405.

Garg, S. e Bahla, G. S. (2008). Disponibilidade de fósforo para o milho influenciada por adubos orgânicos. *Bio Res. Technol.,* **99**:773-777.

Godse, S. B., Golliwar, V. J., Chopde, N., Bramhankar, K. S. e Kore, M. S. (2006). Efeito de adubos orgânicos e biofertilizantes com doses reduzidas de fertilizantes inorgânicos no crescimento, rendimento e qualidade do gladíolo. *J. Soil Crops,* **16** : 445-449.

Gupta, A. K., Paney, C. S., Vineeta, A. e Kumar, J. (2011). Efeito da gestão integrada de nutrientes no rendimento da tuberosa. *J. Plant. Sci.,* **2** (1): 10-14.

Gupta, P., Neeraj, R. e Dheeraj, R. (2008). Efeito de diferentes níveis de vermicomposto, NPK e FYM no desempenho do gladíolo *(Gladiolus grandiflorus* L.) cv. Happy End. *Asian J. Hort.,* **3**: 142-143.

Hadar, E. Y., Elad, Y., Hadar, S., Ovadia e Chet, I. (1979). Controlo biológico e químico de *Rhizoctonia solani* por *Trichoderma harzianumi* em cravos. *Phytoparasitica.* **7**: 55-57.

Hadwani, M. K., Varu, D. K., Niketa, P. e Babariya, V. J. (2013). Efeito da gestão integrada de nutrientes no crescimento, rendimento e qualidade da tuberosa de ratoon *(Polianthes tuberosa* L.) cv. Double. *Asian J. Hort.,* **8** (2): 448-451.

Halder, N. K., Siddiky, M. A., Ahmed, R. R., Sharifuzzaman, S. M. e Ara, K. A. (2007). Performance of tuberose as Influenced by boron and zinc. *South Asian J. Agric.,* **2** (1 & 2): 51-56.

Harman, G. E., Howell, C. R., Viterbo, C. I. e Lorito, M. (2004). Espécies de Trichoderma - simbiontes oportunistas e avirulentos de plantas. Nature Review Microbio. **2**: 43-56.

Hassan, A. E., Bhiah, K. M. e Al-Zurfya, M. (2014). Efeito de extractos orgânicos no crescimento e floração de plantas de calêndula *(Calendula officinalis* L.). *J. Org,* **1** (1): 22-30.

Islam, F. (2011). Influência de emendas orgânicas e EM no rendimento e conservantes na vida de vaso do gladíolo. *Uma tese de mestrado Dept. Hort.* BSMRAU, Salna, Gazipur, 60 p.

Islam, M. (2015). Godkhali-te Pacth Koti Takar Ful Bikri (Bangla). 15th fevereiro, Prothom-alo.

Jacobs,V. G. e Alles, W. S. (1986). Estudos sobre agricultura biológica em culturas hortícolas. *Agro. Sys.,* **5** : 140-145.

Jahan, H. (2009). Produção, manuseamento pós-colheita e comercialização de flores cortadas no Bangladesh: An agribusiness study. *SAARC J. Agric.* 7(2): 1-14.

Jowkar, M. M. e Salehi, H. (2005). Efeitos de diferentes soluções de conservação no tempo de vida em vaso de flores de tuberosa cortadas em condições domésticas normais. *Ata Hort.,* **669**: 165-169.

Kabir, A. K. M., Iman, M. H., Mondal, M. M. A. e Chowdhury, S. (2011). Resposta da tuberosa à gestão integrada de nutrientes. *J. Env. Sci. Nat. Res.,* **4** (2): 5559.

Kabir, K., Sharifuzzaman, S. M., Ara, K. A., Mahtabuddin, A. K. M. e Das, M. R. (2012). Efeito da emenda orgânica e microrganismo eficaz na qualidade da floração e produção de bulbos em tuberosa. *Bangladesh J. Agric.,* **5** (1) : 1-7.

Kadu, A. P., Kadu, P. R. e Sable, A. S. (2009). Efeito do azoto, fósforo e potássio no crescimento, floração e produção de bolbos em tuberosa cv. Single. *J. Soil Crops,* **19** (2): 367-370.

Kale, R. D., Bano, K., Sreenivasa, M. N. e Bagyaraj, D. J. (1987). Influência de vermes fundidos no crescimento e colonização micorrízica de duas plantas ornamentais. *South Indian Hort.,* **35**: 433-437.

Kazal, M., Neeraj, R. e Gupta, P. (2011). Crescimento e floração do gladíolo afectados por adubo orgânico e fertilizante. *J. Agric. Res.,* **9** (2): 555-560.

Keditsu, R. (2012). Resposta da gerbera à fertilização inorgânica versus adubação orgânica. *Ann. Plant. Soil Res.,* **14** (2):163-166.

Kejhar, P. K. e Polara, N. D. (2015). Efeito de N, P e K no crescimento, rendimento do bolbo e teor de nutrientes na soca do lírio-aranha cv. Local. *Hort. Flora Res. Spec.,* **4**(1): 2227

Khan, F. N. (2009). Técnicas de produção de cormo e cormo em gladíolo. *Uma dissertação de doutoramento do Departamento de Hortas da BSMRAU,* Salna, Gazipur. pp. 1-3.

Khosa, S. S., Younis, A., Rajit, A., Yasmeen, S. e Riaz, A. (2011). Efeito da aplicação foliar de macro e micro nutrientes no crescimento e floração da gerbera. American-Eurasian. *J. Agric. & Environ. Sci.,* **11** (5): 736-757.

Kleifield, O. e Chet, I. (1992). Interação Trichoderma-planta e o seu efeito no aumento da resposta de crescimento. *J. Plant Disease,* **144**: 267-272.

Kukde, S., Pillewan, S., Meshram, N., Khobragade, H. e Khobragade, Y. R. (2006). Efeito do estrume orgânico e do biofertilizante no crescimento, floração e rendimento da tuberosa cv. Single. *J. Soils Crops,* **16**: 414-416.

Kulkarni, B. S. (1994). Efeito do vermicomposto no crescimento e na produção de flores da china aster *(Callistephus chinensis).* Uma tese de mestrado (Agri.) apresentada *à Agric. Sci., Bangalore, Índia,* 68.p.

Kusuma, G., (2000). Efeito de fertilizantes orgânicos e inorgânicos no crescimento, rendimento e qualidade da tuberosa. *Uma tese de mestrado. Univ. Agric. Sci. Bangalore, Índia.* 60 p.

Lynch, J. M. (1990). Os fungos como antagonistas. In: New diretions in biological control: Alternatives for Suppressing Agricultural Pests and Diseases ed. Baker, R.R. and Dunn, P. E. NewYork. Baker, R.R. e Dunn, P. E. NewYork. pp. 243-253.

Mamta, B. e Ajit, K. (2014). Estudos sobre o efeito de adubos orgânicos e bioinoculantes nos atributos vegetativos e florais do crisântemo cv. Little Darling. *Int. J. Life. Sci.,* **9** (3): 1007-1010.

Mazed, H. E., Pulok, M. K., Rahman, A. I., Monalesa, H. N. e Partho, S. G. (2015). Crescimento e rendimento da tuberosa como influenciado por diferentes níveis de estrume e fertilizantes. *Int. J. Multidisci. Res. Dev.,* **2** (4): 555-558.

Mazhabi, M. (2010). Effect of *Trichoderma harzianum Bi* on vegetative and qualitative traits of some ornamental plants, *MSC Thesis, Ferdowsi Univ. Mashhad, Mashhad, Iran* . 99 p.

Mazhabi, M. H., Nemati, H., Rouhani, A., Tehranifar, E. M., Moghadam, H., e Rezaee, A. (2011). O efeito de *Trichoderma* nas propriedades qualitativas e quantitativas *de Polianthes. J. Animal & Plant Sci.,* **21**(3): 617-621.

Mirkalaei, S. M. M., Ardebili, Z. O. e Mostafavi, M. (2013). O efeito de diferentes fertilizantes orgânicos no crescimento de lírios *(Lillium longiflorum). Int. Res. J. Applied Basic Sci.,* **4** (1):181-186.

Mishra, M. M. e Kapoor, K. K. (1992). Importance of chemical fertilizers in sustainable agriculture in India (Importância dos fertilizantes químicos na agricultura sustentável na Índia). *Fertilizer News,* 37: 47-53.

Mishra, P. K., Mukhopaddhay, A. N. e Singh, U. S. (2004). Supressão das populações de *Fusarium oxysporum f. sp. gladioli* no solo pela aplicação de *Trichoderma virens* e abordagens *in vitro* para compreender os mecanismos de controlo biológico. *Indian Phytopath,* **57** (1):44-47.

Mishra, P. K., Mukhopadhyay A. N. e R. Fox, T. V. (2000). Controlo integrado e biológico da podridão e murchidão do gladíolo causadas por *Fusarium oxysporum f. sp. gladioli. Ann. Appl. Biol.,* **137:** 362-364.

Mishustin, E. N. (1990). A importância dos microrganismos não simbióticos e do bokashi nas culturas florícolas. *J. Plant Soil,* **82**: 545-554.

Misra, R. L. e Singh, B. (1999). Cultivo de gladíolo. *In:* Commercial Flowers (Eds.) Naya Prokash, Calcutá, Índia, pp. 20-25.

Mitra, M. (2010). Resposta da tuberosa à gestão integrada de nutrientes. Conf. Int. biodiversidade, meios de subsistência e alterações climáticas nos Himalaias. *Bot. Dept., Tribhuvan Univ. Índia, realizado* de 12 a 14 de dezembro de 2010.

Moghadam, M. Z. e Shoor, M. (2013). Efeito do vermi-composto e dois fertilizantes bacterianos no gladíolo. *J. Agril. Res., 2* (1): 20-26.

Mou, N. M. (2012). Rentabilidade do sistema de produção e comercialização de flores do Bangladesh. *Bangladesh J. Agril. Res, 37* (1): 77-95.

Nahar, M. S., Rahman, M. A., Kibria, M. G., Rezaul Karim, A. N. M. e Miller, S. A. (2012). Uso de tricho-composto e tricho-lixiviado para o manejo de patógenos transmitidos pelo solo e produção de mudas de repolho saudáveis. *Bangladesh J. Agril. Res., 37*(4): 653-664.

Nambisan, K. M. P. e Krishnamm. B. M. (1983). Melhor prática cultural para um alto rendimento de tuberosa. *South Indian Hort., 28* (3): 17-20.

Nanjan, K., Nambisan, K. M. P., Veeragavathatham, D. e Krishnan, B. M. (1980). A influência do azoto, fósforo e potássio no rendimento da tuberosa *(Polianthes tuberosa* L.). *National Semin. Tech. Com. Semin.* Nacional, TNAV. pp.76-78.

Narendra, C., Swaroop, K., Janakiram, T. Biswas, D. R. e Singh, G. (2013). Efeito da gestão integrada de nutrientes no crescimento vegetativo e nos caracteres de floração do gladíolo. *Indian J. Hort., 70* (1): 156-159.

Naznin, N., Hossain, M., Kabita, A., Azizul, H., Mazadul, I e Tuhina, H. (2015). Influência das alterações orgânicas e do agente de controlo biológico no rendimento e na qualidade da tuberosa. *J. Hort. 2* (4):1-8.

Okigbo, B. N. (1983). Sistemas de cultivo e pesquisa de composto em África. Organic Culture. *Ogunasanya Press, Ibadan, Nigéria*, pp. 30-55.

Olsen, S. R., Sommers, L. E. (1982). Phosphorus, In: *Methods of Soil Analysis,* Part 2. 2nd Edition, Page AL, Miller RH, Keeney DR, *Sociedade Americana de Agronomia* Madison, EUA. pp. 403-427.

Padaganur, V. G., Mokashi, N. e Patil. V. S. (2005). Floração, qualidade da flor e rendimento da tuberosa *(Polianthes tuberosa* L.) sob a influência de vermicomposto, estrume de quinta e fertilizantes. *Karnataka J. Agric. Sci., 18* (3): 729-734 .

Pandey, A., Singh, A. K. e Sisodia, A. (2013). Efeito do vermicomposto e dos agentes de biocontrolo no crescimento e na floração do gladíolo cv. Gold. *Asian J. Hort.,* **8** (1): 46-49.

Papavizas, G. C. (1985). *Trichoderma* e *Gliocladium:* biologia, ecologia e potencial de biocontrolo. *Annu. Rev. Phytopathol.* **23**:23-54.

Parthasarathy, V. A. e Nagaraju, V. (1999). Gladiolus. *[In:* Floriculture and Landscaping. (Eds.) Bose, T. K., R. G. Maiti, R. S. Shua e P. Das. Naya Prokash]. pp. 467-486.

Patanwar, M., Gaurav, V., Chetna, B., Deepika, C. e Eshu, S. (2014). Crescimento e desenvolvimento do crisântemo como influenciado pelo manejo integrado de nutrientes. *O Ecoscan.* **6:** 459-462.

Pathak, G. e Kumar, P. (2009). Influência dos produtos orgânicos nos atributos florais e no tempo de conservação do gladíolo *(Gladiolus hybrida)* cv. White Prosperity. *Prog. Hort.,* **41** (1): 116-119.

Pathak, S. M. A. e Choudhuri, S. K. (1980). Effect of phosphorus and boron on yield of tuberose. *Indian J. Plant. Physiol.,* **23**: 47-54.

Patil, J. D. (2000). Resposta da agricultura biológica ao crescimento e floração da tuberosa. *Orissa J. Hort.,* **28** : 98-101.

Prakash, A., Sharma, S. K. e Sindhu, S. S. (2002). Efeito do fósforo e da FYM no teor de NPK da calêndula em solo dominado por cloreto. *Haryana J. Hort. Sci.,* **31** (1 & 2): 47-49.

Prakash, S., Kushwahsa, I. K., Singh, M. e Shahi, B. P. (2015). Efeito do vermicomposto e dos agentes de controlo biológico no crescimento e na floração do gladíolo cv. Pusakiran. *Ann.Hort.,* **8** (1) : 110-112.

Preetham, S. P., Kumar, P. e Sha, H. (2010). Efeito de adubos orgânicos e biofertilizantes no crescimento, rendimento e qualidade das flores de gladíolo *(Gladiolus hybrida)* cv. White Prosperity. *Annals Hort.,* **3** (2): 195-198.

Radhika, M., Patel, H. C., Nayee, D. D. e Sitapara, H. H. (2010). Efeito da gestão integrada de nutrientes no crescimento e rendimento da calêndula africana *(Tagetes erecta* L.) cv. 'Local' em condições agro-climáticas médias de Gujarat. *J. Ornam. Hort.,* **5** (2): 347-349.

Rajesh, B., Priyanka, K., Dhiman, S. R. e Ritu, J. (2006). Effect of biofertilizers and biostimulants on growth and flowering in gladiolus (Efeito de biofertilizantes e bioestimulantes no crescimento e floração do gladíolo). *J. Orn. Hort.,* **4**: 248252.

Rajiv, K. e Misra, R. L. (2003). Resposta do gladíolo à fertilização orgânica e inorgânica. *J. Ornam. Hort. New Series.,* **6** (2): 95-99.

Rajiv, K., Yadav, D. S. e Ray, A. R. (2006). Efeito de alterações orgânicas e de azoto, fósforo e potássio no crescimento, floração e produção de rebentos de gladíolo cv. Pusa Shabnum em condições de Meghalaya. *Environ. Ecol.,* **24**: 939-942.

Ranjan, S. e Manse, G. (2007). Influência do estrume orgânico e dos fertilizantes no crescimento e na floração do gladíolo cv. American Beauty. *Ata Hort.,* **74** (2): 183188.

Razib, K., Moghadam, M. Z. e Shoor, M. (2013). Efeito do vermicomposto e fertilizantes no gladíolo. *J. Agril. Res.,* **2** (1): 20-26.

Reshma, M., Sushma, K. e Aruna, J. (2013). Efeito do fornecimento integrado de diferentes fertilizantes e adubo orgânico no rendimento da tuberosa. *J. Biol. Agric.,* **3** (14): 100101.

Roe, N. E., Stofella, P. J. e Graetz, D. A. (1997). O composto de vários resíduos municipais afecta o crescimento, o rendimento e a qualidade das culturas. *J. American Soc. Hort. Sci.,* **122**: 433-437.

Shahnewaz. (2011). Efeitos do estrume orgânico no crescimento e floração de três linhas de gladíolos. *Tese de mestrado apresentada ao Departamento de Horticultura,* 64p. BAU, Mymensingh.

Shankar, D. e Dubey, P. (2005). Effect of NPK, FYM AND NPK+FYM on growth, flowering and corm yield of gladiolus when propagated through cormels. *J. Soils Crops,* **15**(1): 34-38.

Shankar, L., Lakhawat, S. S. e Choudhary, M. K. (2010). Efeito de adubos orgânicos e biofertilizantes no crescimento, floração e produção de bolbos em tuberosa. *Indian J. Hort.,* **64:** 554-556.

Sharma, J. R., Gupta, R. B. e Panwar, R. D. (2004). Crescimento, floração e produção de rebentos de gladíolo cv. Friendship influenciados pela aplicação foliar de nutrientes e reguladores de crescimento. *J. Ornament. Hort.,* **7** (3): 154 -158.

Shashikanth, G. (2005). Efeito de diferentes fontes de nutrientes no crescimento e rendimento de calêndula alta. *Uma tese de mestrado, Univ. Agric. Sci. Dharwad, Índia.* 57 p.

Shaw, W. M. e B. Robinson. (1980). Decomposição da matéria orgânica e libertação de nutrientes das plantas a partir da incorporação de feno de soja e palha de trigo. *American J. Soil. Sci.,* **64**: 54-57.

Singh, A. K. (2005). Resposta do crescimento e floração da roseira à fertlização orgânica e inorgânica. *J. Ornam. Hort.,* **8** (4): 296-298.

Singh, A. K., Singh, A e Kumar, S. (2015). Gestão integrada de nutrientes para o crescimento vegetativo e a floração do gladíolo. *Res. Enviorn. LifeSci.,* **8** (2): 164166

Sisodia, A. e Singh, A. K. (2015). Efeito do esterco de curral, vermicomposto e *Trichoderma* na floração e atributos de corm em gladíolo. *Bangladesh J. Bot., 44* (2): 309-314.

Sivan, A. e Chet, I. (1986). Possíveis mecanismos de controlo de *Fusarium* spp. por *Trichoderma harzianum* em alguns parâmetros de qualidade da petúnia. *Nat. Sci. Biol,* **5** (2): 226-231.

Sonmez, F., Cig, A., Gulser, F. e Basdogan, G.(2013). Os efeitos de alguns fertilizantes orgânicos no conteúdo de nutrientes no híbrido *Gladiolus. Eurasian J. Soil Sci,* **2:**140-144.

Steel, R. G. D., Torrie J. H. e Dickey D. A. (1997). Principles and Procedures of Statistics. A Biometric Approach. 3 ed., Mc Graw Hill Book Co. Mc Graw Hill Book Co. Inc., Nova Iorque. pp. 107-109.

Sunita, H. M., Hunje, R., Vyakaranahal, B. S. e Bablad, H. B. (2007). Efeito do espaçamento entre plantas e da gestão integrada de nutrientes no rendimento e na qualidade das sementes e nos parâmetros de crescimento vegetativo da calêndula africana *(Tagetes erecta* L.). *J. Ornam. Hort.,* **10** (4): 245-249.

Sushma, K. e Aruna, N. (2008). Efeito de diferentes níveis de fertilizantes e emendas orgânicas na tuberosa. *Asian J. Ornam.,* **3**: 104-108.

Tripathi, S. K., Malik, S., Kumar, A. e Kumar, V. (2013). Efeito da gestão integrada de nutrientes na produção de bolbos de tuberosa *(Polianthes tuberosa* L.). cv. Suvasini. *Asian J. Hort.,* **3** (1) : 150-154.

Tripathi, S. K., Malik, S., Singh, P., Dhyani, B. P., Kumar, V., Dhaka, S. S. e Singh, J. P. (2012). Efeito da gestão integrada de nutrientes na produção de flores de corte de tuberosa *(Polianthes tuberosa* L.) cv. Suvasini. *Ann. Hort.,* **6** (1): 149-152.

Verma, S. K., Angadi, S. G., Patil, V. S., Mokashi, A. N., Mathad, J. C. e Mummigatti, U. V. (2011). Crescimento, rendimento e qualidade do crisântemo

(*Chrysanthemum morifolium* Ramat) cv. Raja como influenciado pela gestão integrada de nutrientes. *Karnataka J. Agric. Sci.,* **24** (5): 681-683.

Vijayananthan, K., Kumar, M., Ganesh, A. e Gopi, D. (2007). Efeito de produtos vermífugos no crescimento e na produção de biomassa de jasmim em diferentes fases de crescimento. *Indian J. Hort.,* **64** (1): 106-108.

Waheeduzzaman, M., Jawaharlal, M., Arulmozhiyan, R. e Indhumathi, K. (2006). Efeito de práticas integradas de gestão de nutrientes na qualidade da flor e no tempo de vida do vaso de *Anthurium andreanum* cv. meringue. *J. Ornam. Hort.,* **9** (2): 142-144.

Warade, A. P., Golliwar, V. J., Chopde, N., Lanje P. W. e Thakre, S. A. (2007). Effect of organic manures and bio-fertilizers on growth, flowering and yield of dahlia. *J. Soil Crops,* **17** (2) : 354-357.

Yadav, P. K. (2007). Efeito do azoto e do fósforo no crescimento e na floração da tuberosa *(Polianthes tuberosa* cv. Shringar). *Prog. Agric.,* **7** (1/2): 189-192.

Yadav, P. K., Singh, S., Dhidiwal, A. S. e Yadav. M. K. (2000). Efeito da aplicação de N e FYM nos caracteres florais e no rendimento da calêndula africana (*Tagetes erecta* L.). *Haryana J. Hort. Sci.,* **29** (1 & 2): 69-71.

APÊNDICES

Apêndice I. Dados meteorológicos mensais médios durante o período de outubro de 2014 a maio de 2015

Ano	Mês	Temperatura do ar (°C)		Relativo Humidade (%)	Precipitação (mm)
		Máximo	Min.		
2014	outubro	29.75	26.80	85.28	183.40
2014	novembro	26.22	22.75	80.17	07.50
2014	dezembro	19.90	15.45	89.05	00.00
2015	janeiro	16.38	11.55	90.15	00.00
2015	fevereiro	25.70	19.70	88.50	06.54
2015	março	32.25	25.98	70.30	06.60
2015	abril	33.10	29.00	75.00	58.50
2015	maio	35.40	28.42	77.50	240.10

Fonte: Instituto de Investigação Agrícola do Bangladesh, (BARI), Gazipur

Apêndice II. Dados analíticos da amostra de solo no campo de floricultura do HRC, BARI

Ano	p^H	Total N	OM	Ca	Mg	K
		%		Meq/100g		
2014	6.1	0.07	1.46	4.76	1.97	0.15
Nível crítico	-	-	-	2.0	0.8	0.2

Apêndice II. Cont'd.

Ano	p^H	P	S	B	Cu	Fe	Mn	Zn
		hg/g						
2014	6.1	15	38	0.32	6.0	232	10	3.30
Nível crítico	-	14	14	0.2	1.0	10.0	5.0	2.0

Fonte: Divisão de Ciência do Solo, Instituto de Investigação Agrícola do Bangladesh, (BARI), Gazipur

Apêndice III. Análise de variância dos dados relativos a diferentes caracteres vegetais do gladíolo influenciados por estrume orgânico, fertilizante e agente de controlo biológico

Fontes de variação	Graus de liberdade	Soma média dos quadrados				
		Emergência de plantas %	Dias para	Altura da planta	Madeira serrada	Planta/c olina
Replicação	2	04.65	05.50	10.15	22.63	03.81
Tratamento	7	105.40*	110.15*	236.40*	390.12*	213.12*
Erro	14	06.20	05.50	07.30	04.50	05.52

** = Significativo ao nível de 5% de probabilidade*

Apêndice IV. Análise de variância dos dados relativos a diferentes caracteres florais do gladíolo sob a influência de adubo orgânico, fertilizante e agente de controlo biológico

Fontes de variação	Graus de liberdad e m	Soma média dos quadrados						
		Dias para 80% de iniciação da espiga	Comprimento da espiga	Comprimento do ráquis	Número de floretes	Peso da espiga	Durabilidade das flores	Produçã o de flores
Replicação	2	4.50	2.06	2.40	2.57	7.58	11.00	1.28
Tratamento	7	45.30*	219.30*	472.56*	640.50*	265.21*	19.25*	615.20*
Erro	4	4.25	4.93	3.46	4.30	3.45	4.65	4.73

** = Significativo ao nível de 5% de probabilidade*

Apêndice V. Análise de variância dos dados relativos aos diferentes caracteres dos cormos do gladíolo influenciados pelo estrume orgânico, pelo fertilizante e pelo agente de controlo biológico

Fontes de variação	Graus de liberdade	Soma média dos quadrados				
		Número de cormos	Diâmetro do caule	Peso dos cormos	Número Cormel	10 Peso Cormel
Replicação	2	0.81	9.35	13.50	2.25	27.75
Tratamento	7	11.04*	10.45*	17.50*	20.40*	65.45*
Erro	14	4.50	4.21	10.25	11.58	6.27

* = Significativo ao nível de 5% de probabilidade

I want morebooks!

Buy your books fast and straightforward online - at one of world's fastest growing online book stores! Environmentally sound due to Print-on-Demand technologies.

Buy your books online at
www.morebooks.shop

Compre os seus livros mais rápido e diretamente na internet, em uma das livrarias on-line com o maior crescimento no mundo! Produção que protege o meio ambiente através das tecnologias de impressão sob demanda.

Compre os seus livros on-line em
www.morebooks.shop

Printed by Books on Demand GmbH, Norderstedt / Germany